湛庐 CHEERS

与最聪明的人共同进化

HERE COMES EVERYBODY

进化的偶然

[美] 肖恩· B. 卡罗尔　著
Sean B. Carroll

A Series of Fortunate Events

王志彤 译

中国纺织出版社有限公司

肖恩·B. 卡罗尔

美国国家科学院院士、美国艺术与科学院院士

富兰克林生命科学奖获得者、威斯康星大学分子生物学和遗传学教授

威斯康星大学分子生物学和遗传学教授

1960年，卡罗尔出生于美国俄亥俄州托莱多。他很小的时候就喜欢翻动石头去寻找蛇的踪迹，10多岁就开始养蛇。这些幼年时期的活动，让卡罗尔注意到了蛇身上的图案，并且想知道这些图案是如何形成的。

卡罗尔在圣路易斯华盛顿大学获得生物学学士学位，在塔夫茨大学获得免疫学博士学位，并在科罗拉多大学波尔得分校做博士后研究工作。1987年，卡罗尔在威斯康星大学麦迪逊分校建立了实验室，专门研究基因如何以各种各样的方式产生了我们所看到的多样性。

卡罗尔目前是威斯康星大学分子生物学和遗传学教授。他带领的研究团队以果蝇作为模式动物，发表了一系列论文，解释了基因在胚胎期的激活如何控制其翅膀的发育，并一直在寻找蝴蝶身上的对应基因。

2009年9月至2013年3月，他还一直为《纽约时报》撰写“非凡的生物”（Remarkable Creatures）专栏文章，介绍动物进化研究中的一些新发现。

霍华德·休斯医学研究所副所长兼制片人

2010年，卡罗尔被任命为霍华德·休斯医学研究所副所长。2011年，霍华德·休斯医学研究所发布了6 000万美元的“科学电影拍摄计划”，致力于把关于科学和科学家的故事讲给普通观众和课堂里的学生听。卡罗尔是这一计划的总设计师。

为了纪念《物种起源》出版150周年和达尔文诞辰200周年，卡罗尔曾根据自己的《无尽之形最美》（*Endless Forms Most Beautiful*）和《造就适者》（*The Making of the Fittest*）两部著作，拍摄了纪录片《达尔文所不知道的事》（*What Darwin Never Knew*），探讨了进化科学的最新发展。

为了向大众普及科学知识，霍华德·休斯医学研究所成立了自己的制片公司Tangled Bank Studios，卡罗尔是执行制片人。2014年，卡罗尔根据尼尔·舒宾的名作《你是怎么来的》（*Your Inner Fish*），拍摄了三集同名科学影片。2017年，他拍摄了纪录片《亚马孙冒险》（*Amazon Adventure*）。

卡罗尔的工作给成千上万在校学生带来了福音，因为他的那些科学短片和教育素材都是免费的。

获奖无数的两院院士

卡罗尔是美国国家科学院院士和美国艺术与科学院院士，他还是美国科学促进会会士。

1989年，他获得了大密尔沃基基金会的“肖科学家奖”。

2010年，他获得了进化研究学会的史蒂芬·杰伊·古尔德奖。

2012年，卡罗尔获得了富兰克林生命科学奖。他提出并证明了：动物生命的多样性和多重性，主要是由于相同基因的不同调节方式，而不是基因自身的突变。

2016年，卡罗尔获得了洛克菲勒大学的刘易斯·托马斯科学写作奖。获得这一奖项的科学作家还包括爱德华·威尔逊、奥利弗·萨克斯、贾雷德·戴蒙德和理查德·道金斯。

肖恩·B. 卡罗尔著作

《生命的法则》
《进化的偶然》
《非凡的生物》
《无尽之形最美》

献给我的哥哥皮特

他多年来一直怂恿我写点像本书这样的东西

我希望我写得还不算太糟糕

偶然地，我们生活着；碰巧了，我们被统治着。

塞涅卡（Seneca）
古罗马政治家、哲学家

所有人的出现，无论是活着的还是死去的，都纯属偶然。

库尔特·冯内古特（Kurt Vonnegut）
美国作家

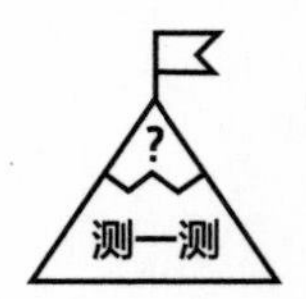

你对“偶然”了解多少？

扫码鉴别正版图书
获取您的专属福利

扫码获取全部测试题
及答案，
测一测你对“偶然”
了解多少

- 在轮盘赌的赌桌上，某种颜色的数字连续出现多次时，人们往往会认为，这种颜色下一次不会再出现了。此时，人们陷入了哪种认知偏差？（ ）

  A. 过度自信

  B. 赌徒谬误

  C. 幸存者偏差

  D. 模式偏差

- 通过对哪动物的观察，达尔文证明了一个古代物种可以繁衍无数品种？（ ）

  A. 鸽子

  B. 鸣雀

  C. 海龟

  D. 夜莺

- 从基因的角度看，“我们每个人都是独一无二的”吗？（ ）

  A. 是

  B. 否

扫描左侧二维码查看本书更多测试题

A SERIES OF
FORTUNATE
EVENTS

目　录

A SERIES
OF
FORTUNATE
EVENTS

引　言

偶然带来的麻烦

当听到有人说“凡事皆有因”时，我就把他推下了楼梯，然后问他：“你知道我为什么推你吗？”

斯蒂芬·科尔伯特（Stephen Colbert）

美国知名脱口秀主持人、喜剧演员

1996年的大密尔沃基公开赛是泰格·伍兹（Tiger Woods）参加的第一场职业高尔夫球比赛。在第14洞三杆洞188码①处的发球区，他从球袋中拿出了6号铁杆。尽管此时他还落后于领先选手15杆之多，一大群观众还是来到了现场，只为一睹这位20岁优秀选手的风采。伍兹将球打了出去，球在距离旗杆1.83米的地方落地，向左弹了一下之后直接滚进了球洞。现场观众激动得高声欢呼、狂吹口哨，热烈的场面一直持续了好几分钟。[1]

然而，这还算不上伍兹有史以来的最佳开局表现。

略微深入了解，我们就会发现，伍兹在长达24年的职业生涯中，总共赢得超过80个巡回赛冠军，共击出3记一杆进洞。同时，我们根据高尔夫球比赛的大量统计数据可知，一名高尔夫职业选手在任意一个三杆洞击出一杆进洞的概率大约是1/2 500。伍兹在他的职业生涯中已经打了差不多5 000个三杆洞，按概率来说，他应该能击出2记一杆进

① 1码≈ 0.914米。——编者注

洞。截至目前他总共击出了 3 记，所以也不算是特别突出。然而，一位业余高尔夫球手在任意一洞击出一杆进洞的概率是 1/12 500；在同一轮击出两记一杆进洞的概率是二千六百万分之一；击出 4 记一杆进洞的概率是二十四万亿分之一，那可是 24 后面跟着 15 个 0。

陷入赌徒谬误

如果你不了解高尔夫球比赛，也没关系，但有些时候，你最好还是应该对概率和你玩的游戏有一定了解，比如当我们拿着自己辛苦挣来的钱去冒很大风险时。

很多人都喜欢去赌场试试运气。每年大约有 3 000 万人前往拉斯维加斯，尝试轮盘赌、基诺彩票、百家乐和老虎机等靠运气取胜的游戏。[2] 在这些游戏中，庄家都在一定程度上占据优势，比如在双骰子游戏中，庄家的优势为 1%，而在基诺彩票中，庄家的优势为 30% 不等，这就是为什么赌场负担得起建造金字塔酒店、可以看到鲨鱼的水族馆的费用，能够提供焰火表演、便宜的自助餐，还能以一晚 50 万美元的出场费邀请小甜甜布兰妮前来演出。[3]

虽然明知自己在这些博弈游戏中获胜的概率很小，但我们还是将自己的辛苦钱押了上去。这恐怕是因为大多数玩家还是相信，或至少表现得像是相信，自己有办法提高获胜的概率，比如用自己的幸运数字下注，在连续出现的“热门”颜色或数字上下注，或是在某种“也该出现了”的颜色或号码上下注，即便他们玩的是使用骰子、轮盘或电子设备等纯粹靠概率取胜的游戏也是如此。

这能行吗？比如，在一次轮盘赌中，黑色号码已经连续出现5次，那你会因为黑色正“热”而继续在黑色上下注，还是盘算着红色也“该”出现一次了，而在红色上下注呢？

如果黑色连续出现了10次、15次，你的选择会改变吗？

这些问题并非纯属假设。1913年8月18日，在摩洛哥蒙特卡洛赌场的一张轮盘赌赌桌上，黑色数字已连续出现多次，这很不可思议。在欧洲的轮盘赌中，黑色数字和红色数字都是18个，还有一个绿色的0，因此红色或黑色数字出现的概率基本各占一半。而在当时的那张桌上，黑色数字已经连续出现了15次，玩家们开始在红色数字上押了越来越多的筹码，心里想着这黑色数字的运气也该到头了。然而黑色数字还是一次又一次地出现。玩家们盘算着黑色数字连续20次出现的概率低于1/1 000 000，纷纷2倍、3倍地继续在红色数字上下注。但接下来出现的还是黑色数字，一直连续出现了26次。赌场因此发了一笔小财。[4]

这件事已成为教科书中的案例，人们称其为“蒙特卡洛谬误”或“赌徒谬误”（Gambler’s Fallacy），指的是在一段时间内某些事件比想象中发生得更为频繁或更为罕见时，人们就愿意相信相反的事件将在未来更为频繁地发生。对于掷骰子、轮盘赌这类随机事件而言，这种想法是错误的，因为无论上一次的结果如何，下一次投掷的结果都与上一次的结果无关。

我们非常强大的大脑似乎总是不太能理解这一简单的事实。如果你还是认为蒙特卡洛事件只是年深日久、不那么复杂的一个孤例，那么看看 2004 年至 2005 年在意大利出现的非凡现象吧。意大利超级大乐透的玩法是从 10 个城市的区域彩票中各选择 5 个数字，共 50 个数字（1 ～ 90）作为中奖号码。在一年多的时间里，数字 53 从未在威尼斯抽出过，因此举国上下陷入了为这一“迟到的数字”（ritardatario，意大利语）下注的狂热。一些市民开始倾其所有为这个数字疯狂下注，甚至为此欠下巨债。托斯卡纳的一位妇女因为在这上面的巨大损失而绝望地投河自尽，佛罗伦萨的一名男子因此在射杀了全家人后自杀。

当经过 152 次开奖，下注总金额超过 35 亿欧元，也就相当于平均每个意大利家庭下注超过 200 欧元时，历时近两年，数字 53 终于在威尼斯被抽了出来。这一被某组织称作该国“集体性精神病”的事件终于画上了句号。[5]

我们在游戏中对于随机性问题所犯的错误，同样会出现在现实生活的决策中。有多少父母在生育了多名同一性别的孩子后，怀着对另一种性别孩子的期待而继续生育呢？但是，就像掷硬币一样，出生婴儿的性别基本上近乎一个随机事件。之所以说是“近乎”，是因为自然出生的男孩与女孩的比例有微小的差别，为 51 ∶ 49。[6]

赌徒谬误是心理学家所称的“认知偏差”中的一种，认知偏差是令我们对世界产生错误认知的思维方式。在博弈游戏中，这些偏差令我们对随机结果产生了错误的控制感，从而高估了自己获胜的概率。一项大型研究已经揭示，人类的认知偏差以及对它们的反应都是正常大脑接线的一部分。在实验室里针对被试的心理学研究和在赌场这类真实场景中开展的心理学研究都证明，赌徒谬误都与一系列数字有关。研究还发现，如果人们差一点就能得到头奖，那么他们继续游戏的动力就会增加。[7]

对于我们这种错误的思维，有一种解释是这样的：我们的大脑习惯在日常工作过程中去感知模式，建立事件之间的联系。我们依靠这些感知到的联系，去解释事件发生的顺序并借此预测未来。人们会轻易被骗，从而相信某些顺序是一种有意义的模式，而事实上一连串随机出现的独立事件就只是随机的。

因此，人类与随机概率之间有着如此复杂的关系，这本身也是个生物学问题。一方面，我们确实喜欢博弈游戏，即便经常会输依然如此。当然，输的时候，人们通常认为那只是运气不好。

另一方面，在赢的时候，确实有很多人每天都在赢，我们却总是会做出完全不同的解释。当我们交上好运时，我们往往不会认为这是因为计算了概率，甚至也不会认为这是因为对赌博“策略”没来由的信心，而是会将一切归功于其他力量的佐助。对一些人来说，赢是对他们优良品格或善行的回报，而对另外一些人来说，则是他们的祈祷得到了回应。

我们来看看加利福尼亚州的一名卡车司机蒂莫西·麦克丹尼尔（Timothy McDaniel）的例子。2014 年 3 月 22 日，麦克丹尼尔的妻子因心脏病去世。第二天，他买了三张“一生幸运”彩票。当他刮开它们时，发现自己中了 65 万美元。麦克丹尼尔说：“我妻子是如此善良，给了我这笔钱，让我能够继续照顾好我们的孩子。”[8]

这则令人心碎的故事反映出，在事关生死的大游戏中，我们与偶然的关系更为矛盾复杂。很多人压根儿就不相信偶然这种说法，而是像麦克丹尼尔告诉记者的那样："凡事皆有因。"[9]

但并不是所有人都这么想。

偶然与必然

雅克·莫诺（Jacques Monod）在法国戛纳的海边长大。戛纳离蒙特卡洛不远，也是一个以赌场闻名的小镇，后来则是因为戛纳电影节而知名。莫诺拥有电影明星般的容貌，长相酷似好莱坞明星亨利·方达（Henry Fonda），一位著名法国记者称他为"王子"。除此之外，莫诺还有着出众的音乐天赋和过人的才智，这让他在二十多岁选择自己的职业道路时左右为难。他最终成为一位杰出的生物学家，而不是演员或是音乐家。他凭借在基因的调控机制方面的开创性发现，与另外两人共同获得了 1965 年诺贝尔生理学或医学奖。

作为分子生物学领域的先驱，莫诺在 20 世纪 50 年代和 60 年代早期有关决定生物特性的分子的众多发现中做出了贡献，莫诺等人称这些生物特性为"生命的秘密"。他与国际上极少数顶级研究者保持着紧密的合作。例如，当詹姆斯·沃森（James Watson）和弗朗西斯·克里克（Francis Crick）在 1953 年破解了 DNA（脱氧核糖核酸）的结构时，莫诺是最早得知这一重大突破的科学家之一。[10]

但作为一个深受哲学传统影响的法国人，莫诺对于科学的兴趣却并非仅仅是为了科学本身。第二次世界大战结束后，莫诺与法国著名哲学家兼作家阿尔贝·加缪（Albert Camus）成了朋友，他们俩经常在左岸咖啡馆里思考人类生存的问题。莫诺认为公众错误地将技术创新当成了科学的主要目的。而他却认为技术只是科学的一个副产品。他说："科学最重要的成就应该是改变人与宇宙的关系，或者改变人在宇宙中看待自己的方式。"[11] 他的朋友加缪对这一关系也同样非常感兴趣。

莫诺认为新的分子生物学，特别是在遗传领域，具有深远的哲学含义，而这些含义在更广泛的文化中基本上还没有被注意到。在莫诺获得诺贝尔奖数年后，加缪英年早逝，这使莫诺决定为非专业人员撰写一本介绍现代生物学意义的书。

"'生命的秘密'……已经被揭示，"他这样写道，"这样一件大事理应在当代引发人们的思考，引起强烈反响。"[12]

莫诺用了好几章的篇幅阐述了来自 DNA 研究和破译遗传密码的最新科学发现。他知道大多数读者并不熟悉这些知识，因此他增加了一个附录，介绍蛋白质和核酸的化学结构，以及关于遗传密码工作原理的基础知识。他实事求是地解释了基因突变是 DNA 文本偶然发生的改变，包括在组成基因的一长串化学碱基序列（比如 ACGTTCGATAA）中发生的置换、增加、删除或重新排序。

然后，在几乎没有任何提示的情况下，他突然开始介绍 DNA 中发生的突变造成的更为广泛的影响。在 111 页的背景介绍后，他提出了一个在 500 年的科学发展史中最有影响力的观点。在此，我认为有必要引用他的原文：

> 我们称这些突变是偶然的，我们说它们是随机发生的。[13] 既然它们是基因文本中的改变的唯一可能来源，而基因文本本身又是生物体遗传结构的唯一储存库，因此我们必然会得出这样的结论：只有偶然本身才是生物圈中所有创造、每一次创新的源头。
>
> 纯粹的偶然，完全自由而又盲目，位于这座巨大的进化大厦的最底层：我们不再将现代生物学的这一核心概念与其他可能或可想到的假设混为一谈，它是今天唯一可信的假设，唯一一个与经过观察和验证的事实相符的假设。[14] 就这一点而言，我们的立场可能永远不会改变，但是没有什么能够保证这一推断或是希望一定正确。
>
> 在任何科学领域中，没有哪个科学概念对人类中心说的颠覆性比这个更强。

实际上在这之前，生物化学和遗传学方面晦涩难懂的发现——当时的研究主要是针对简单细菌的，已经颠覆了两千多年来将人类置于创造的中心或顶点的哲学思想和宗教思想。“人类是数不清的偶然事件的产物，”[15] 莫诺写道，“是一场巨型蒙特卡洛游戏的结果，我们的数字最终还是出现了，在意想不到的时刻出现了。”

1970 年 10 月，《偶然与必然》（*Chance and Necessity*）① 在法国出版。这是一本相当专业的书，其中有几章是关于哲学和遗传学的，附录中则满是化学图表。这是莫诺第一次写书，他不知道读者会有怎样的反响。

---

① 法语书名为 *Le Hasard et La Necessité*。

哦，见鬼！麻烦真的来了。

这本书在法国各地收到了数十篇评论，很快就成了位列第二的畅销书，排在埃里奇·西格尔（Erich Segal）的《爱情故事》（*Love Story*）之后。这毕竟是在法国。在被翻译成英文后，众多评论和对莫诺的专访就登上了英美最著名的几家报纸和杂志。

许多评论者立即就意识到偶然论对于人类起源与目的的传统观念构成了威胁。曾为生物化学家的英国著名神学家亚瑟·皮考克（Arthur Peacocke）认为，莫诺发起了“20世纪以来对有神论最强劲的、最有影响力的攻击”。[16]一批标题为“反偶然：对莫诺的《偶然与必然》的回应”[17]“超越《偶然与必然》”[18]“上帝、偶然与必然”[19]之类的文章和书籍一阵风似的涌现。莫诺受邀通过电视、广播或印刷品，与来自法国及海外的哲学家和神学家进行辩论。

美国的加尔文派神学家、牧师R. C. 斯普劳尔（R. C. Sproul）在其名为《并非偶然》（*Not By Chance*）一书的第一页上，总结了偶然论所带来的高风险：

> 如果只是想取代上帝，偶然没必要掌控一切。事实上，如果偶然要废黜上帝的话，它根本不需要任何一点权力，它只要存在就行了。[20]仅仅是偶然这种存在本身，就足以将上帝从宇宙的王座上拉下来了。偶然不需要统治，也不需要成为君主。即便偶然只是以一个无能、卑微的仆人的身份存在，它也能使上帝不仅显得过时，而且还会失业。

啰唆了两百多页之后，斯普劳尔总结道："偶然不可能是一种真实存在的力量，那只是一个神话。[21] 在现实中，没有证据证明偶然确实存在，在科学研究中也没有办法验证它的存在。为了让科学和哲学能继续进步，我们必须将偶然的神话彻底消除。"

斯普劳尔和其他的批评家认为，那些被科学家视为偶然的东西只是因为这些科学家对它们存在的真实原因还缺乏认识。也许这就是莫诺曾经暗示过的希望：当科学家们研究得更深入，我们对于偶然这一角色所持的立场，或许会在一定程度上会改变。

第二次机会

接下来的 50 年并没有如莫诺或他的反对者所希望的那样发展。莫诺曾经以为分子生物学的新发现将会成为现代社会发展的转折点：人们将抛弃种种关于物质世界起源的传统观念，转向一个欣然接受随机性和"我们偶然存在"这一理念的新世界。

哈！没戏。《偶然与必然》引发的兴奋和大惊小怪都平静了下来，莫诺几年后也去世了。调查发现，大多数美国人还是相信事出有因。[22]

莫诺的反对者也没有感到一丝安慰。在生物圈和人类生活中，偶然影响的领域确实变了，然而变化的规模和方向却不是他们所希望的。偶然的影响范围扩展到了莫诺或是其他任何人都未曾想到的领域。

在针对地球的历史和运行方式开展了更多研究后，我们逐渐了解生命的进程是被形形色色的宇宙层面和地质层面的偶然事件推来搡去的，然而要是没有这些事件，人类也就不会出现了。在深入探究人类的历史时，我们看到了大流行病、旱灾和其他一些改变文明进程的插曲如何由自然界中随机发生的奇怪事件所触发，而这些事件也许本来并不会发生。在探究人类生物学和那些影响我们个人生活的因素时，我们当场抓获了正在作案的偶然，它掌管着生死之间通常很细的那条分界线。

本书将讲述莫诺没有讲到的故事，包括一些大到行星规模小到分子尺度的惊人发现，从整个地球的剧变，到包括人类在内的每一种生物的每一个细胞里运行着的偶然机制。当这些发现将人类中心主义的舒适感消除殆尽后，我希望你最终会认同，比起浮夸的哲学家或神学家单凭主观想法而做出的一厢情愿的驳斥，偶然的故事显得更为丰富多彩。

我希望你心存敬畏，对小行星撞击地球、大陆板块间的碰撞、冰层和海洋快速起落迸发的力量以及造就的戏剧性事件心存敬畏；对认识到我们生活在一个如此不稳定（而我们短暂的生命无法感知到这种不稳定）的行星上并任由其摆布而心存敬畏；对随机的偶然造就了与我们共享这个星球的美妙生物而心存敬畏；对造就我们每个人的独特、看不见的意外事件心存敬畏；对我们人类自身心存敬畏，因为我们是在异常混乱的时代仍坚持不懈的狩猎采集者的后代，而我们自己仅仅用了过去大约 50 年时间就发现了这一事实！

我的写作目标是不求全面，但求易懂。与其单纯地声称世界就是这样，或者是一长串偶然而又幸运的事件造就了今天的我们，不如通过明确的事实让你相信我所言非虚。我将通过剖析其中的一些事件，说明它们如何决定了生命的走向，我认为这样做是十分必要的。本书的谋篇布局遵循简单的三段式逻辑。在第一部分中，我会从为生命的产生创造了条件的无生命外部偶然事件讲起。在第二部分中，我会介绍每一种生物体内的哪些随机机制促成了生物体对外部条件的适应。在第三部分中，我会将这个故事拉回个人层面，剖析偶然是如何影响我们的自然生活以及我们的死亡的。我们的存在纯属偶然这一说法颠覆了人类中心说这一普遍认同的观念，针对生命的意义和目标提出了挑战性的问题。在后记中，我将在一些特殊嘉宾的帮助下，尽可能地做出回答。

这本小书展示了一个确实很大的概念。几个世纪以来，科学界涌现了众多宏大的设想，但人们接受这些设想的方式很奇怪。达尔文提出了一个非常容易理解的伟大设想，而且存在大量随处可见的证据，然而很多人拒绝相信它。爱因斯坦提出了一个全新的设想，很少有人能够理解它，也几乎没有证据能够证明它，但看起来几乎所有人都相信它。莫诺有一个伟大的设想，但除了学者以外，现在大多数人都没有听说过它。很多人压根儿没听说过莫诺这个人。

我最大的希望就是，人们能够通过这本薄书真正认识偶然。

A SERIES OF FORTUNATE EVENTS

第一部分

无生命世界的偶然事件

A SERIES
OF
FORTUNATE
EVENTS

第 1 章

一切意外的母亲

爬行动物的时代结束了，不仅因为它已经持续了足够长的时间，而且这从一开始就完全是个错误。

威尔·卡皮（Will Cuppy）

《如何走向灭绝》（*How to Become Extinct*）

美国文学评论家、作家

2001年，27岁的塞思·麦克法兰（Seth MacFarlane）是尚未热播的动画节目《居家男人》（*Family Guy*）的执行制片人和主创。这年9月，年纪轻轻就已闯入娱乐界大联盟的麦克法兰受邀回到母校美国罗得岛设计学院演讲。演讲结束后，他和几位教授一起出去喝酒，一直喝到很晚。

第二天是9月11日，麦克法兰一大早就匆匆赶往机场，准备搭乘早上8点15分从波士顿飞往洛杉矶的航班。结果，他还是迟到了，实际上这趟航班的起飞时间是早上7点45分，旅行社弄错了。他只好重新预订了一趟晚一点的航班，然后去旅客休息室打个盹。突然，他被一阵喧闹吵醒，原来新闻中正在报道纽约世贸中心北塔起火的场景，周围的乘客都惊慌失措。过了一会儿，记者确认，那架撞上北塔的飞机是从波士顿飞往洛杉矶的美国航空公司的11号航班，正是麦克法兰错过的那一班飞机。[1]

演员马克·沃尔伯格（Mark Wahlberg）本来预订的也是这一趟航班。

沃尔伯格因出演《完美风暴》(*The Perfect Storm*)和《不羁之夜》(*Boogie Nights*)而成名，当时他和几个朋友临时改变了计划，包下了一架飞机飞往多伦多参加电影节，随后又飞往洛杉矶。[2]

11 年后，麦克法兰和沃尔伯格一起参与了电影《泰迪熊》(*Ted*)的拍摄。两人都曾错过 11 号航班，而后却一起创作了一部热门电影。那么，这种事情发生的概率有多大？他们俩双双躲过一劫，仅仅是撞了大运，还是冥冥之中另有安排？他俩的幸免于难，究竟是为了让一只烟不离手、满嘴脏话的泰迪熊来丰富我们的生活，还是为了给电影业的资金库增加 5 亿多美元？

麦克法兰自己可不这么想。“酒精是我们的朋友[3]，这就是那个故事的寓意，”他主动说道，“我可不是宿命论者。”

偶然情况、意外事件、傻人有傻福……随便你怎么说吧。麦克法兰未能按时赶到机场绝对是一次意外，尽管这是一次对个人造成了巨大影响的意外。生死一线间，这边是幸免于难，那边则是飞来横祸，区区 30 分钟带来了巨大的差别。生死之间的这条分界线实在是可怕！

在自然界中同样也有着这样的界限，它区分的不只是个别生物或物种，而是整个世界。在城市之外的地方开车，你都有可能经过从岩床中开凿出的道路。但我们中的大多数人都可能没有注意到历史的页面正在我们的面前展开。这些层层叠叠、通常呈现彩色的石板正在给我们讲述着一个个故事，当然前提是你得知道怎么去阅读它们。

古比奥位于意大利中部的翁布里亚大区，是一座修建于中世纪的迷人小镇，298 号大区公路就从镇子郊外的石灰岩峡谷中蜿蜒穿过。20 世纪 70 年代中期，地质学家沃尔特·阿尔瓦雷斯（Walter Alvarez）在紧靠这条路的岩石柱中发现了一种有趣的模式（见图 1-1）。

他发现在多层石灰岩的一个断面上，岩石色彩发生了明显变化，下方呈白色，上方呈红色。他仔细观察才发现，这两种颜色的岩石被一层奇特的浅灰色黏土分隔开了。阿尔瓦雷斯解开了这条仅一厘米宽的细线的秘密，成了 20 世纪最为惊人的革命性科学发现之一：它讲述了地球过去的一亿年间最为重要的一天所发生的事，那一天对于绝大多数生物来说是非常不幸的，但对于我们人类而言，则是极其幸运的。在很久以前的那一天里，30 分钟足以改变一切。

两个世界的界限

地质学家描述岩石特征的方法之一是通过其中所包含的化石。古比奥岩层曾经是古代海床的一部分，因此里面含有微小的有孔虫目生物（以下简称有孔虫）外壳的化石。这种单细胞有机体数量庞大，是海洋浮游生物群落和食物网的一部分。

有孔虫死后，它们的壳沉降为海洋沉积物，最终成为石灰岩的一部分。不同种类的有孔虫，其外壳大小和形状不尽相同，并且也一直存在于不同地质时代，因此可以利用它们来判定岩石的具体形成时期。

（上）

（下）

图 1-1　意大利古比奥的路边石灰岩切面

注：上图，路易斯·阿尔瓦雷斯（Luis Alvarez）和沃尔特·阿尔瓦雷斯父子俩站在石灰岩露出地面处。站在右侧的沃尔特触摸的是白垩纪石灰岩的顶部。下图，在古比奥发现的白垩纪－古近纪界限。下面白色、古老、富含化石的白垩纪岩层与上面较暗的古近纪岩层，被一层薄薄的没有化石的黏土（用硬币标记）隔开。

资料来源：上图，© 2010 The Regents of the University of California, Lawrence Berkeley National Laboratory 提供。
下图，Prof. Walter Alvarez /SCIENCE SOURCE 提供。

沃尔特·阿尔瓦雷斯仔细观察了古比奥岩石切片中的有孔虫化石，他发现白色岩层中排列着多种大型有孔虫外壳化石，而上层的红色岩层中却没有这些品种的有孔虫外壳化石，仅仅只有少量相比之下非常小的有孔虫外壳化石（见图 1-2）。在隔开这两种不同颜色岩层的那层薄薄的黏土层里，则似乎完全没有有孔虫外壳化石。沃尔特·阿尔瓦雷斯意识到海洋中一定发生过一些剧变，导致许多种类的有孔虫在短时间内灭绝了。

在距离古比奥千里之遥的西班牙东南部海岸边的卡拉瓦卡，荷兰地质学家简·斯米特（Jan Smit）也在当地的岩石中发现了有孔虫的类似变化模式。而且，斯米特还意识到，那层没有有孔虫外壳化石的薄薄的黏土层，标记了地球历史和地质学的一条著名的界限，它分开了两个世界。[4]

界限下面是以独特的白垩沉积物命名的白垩纪岩层。白垩纪是爬行动物时代的后 1/3 时期，那时恐龙还统治着陆地，翼龙在天空巡游，沧龙则在海中捕食菊石（鹦鹉螺的近亲）。界限的上面则是古近纪岩层，其中没有上面说的这些生物的化石，但标志着哺乳动物时代的开始，这时体表长毛的动物开始出现，并逐渐成为陆地上和海洋中体形最大的动物。

这条白垩纪－古近纪（Cretaceous-Paleogene，通常简称为 K-Pg，旧称为 K-T）界限不仅标志着恐龙、翼龙、沧龙和菊石的灭绝，还标志着 6 600 万年前地球上 3/4 物种的大灭绝。沃尔特·阿尔瓦雷斯、斯米特和他们的同事想知道：究竟是什么导致了像有孔虫这样广泛存在的微小生物以及体形更大的生物大规模灭绝的呢？

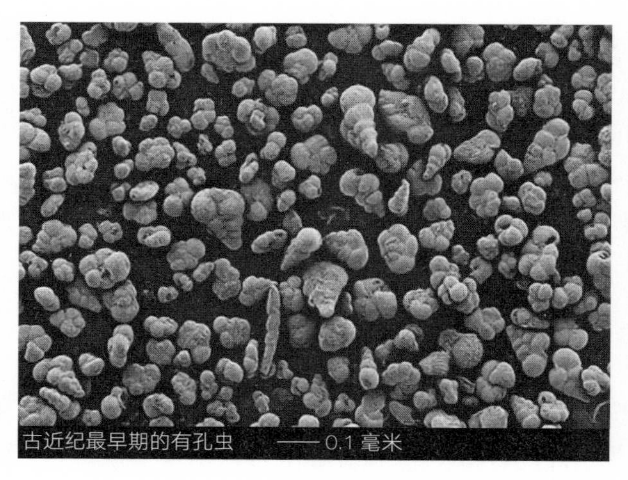

（上）

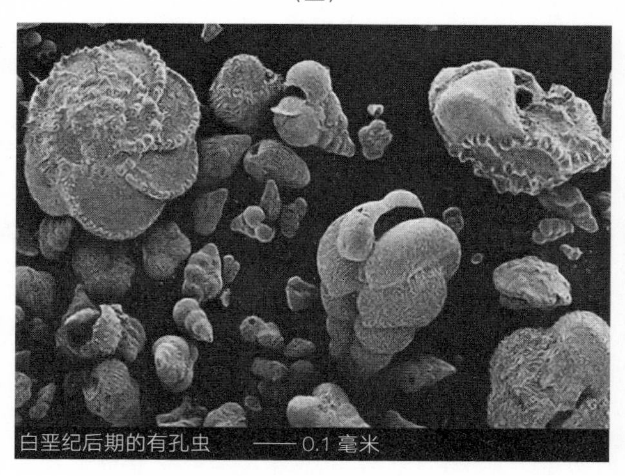

（下）

图 1-2　古近纪有孔虫（上）和白垩纪有孔虫（下）

注：沃尔特·阿尔瓦雷斯和简·斯米特对白垩纪末期至古近纪初期有孔虫在体形大小和多样性上的迅速变化很感兴趣。

资料来源：Smithsonian Institution 提供，B. Huber 拍摄。

小行星撞击地球

答案简单明了，正如你可能已经听说过的那样，导致此次大灭绝的物质来自外太空，而非地球。

但是这样的答案，就像你在报纸头条新闻或教科书上见过的那种，它们既没有对相关发现或事件进行公正的评价，也没有告诉我们为什么6 600万年前的这一事件，对于我们理解偶然在这个世界上所起的作用和我们人类这个物种的故事，是如此重要。

沃尔特·阿尔瓦雷斯、斯米特和他们的合作者对标志两个时期界限的黏土层进行了化学分析，发现其中铱元素含量极高，该元素在地球上很罕见，但在某些小行星上含量极其丰富。[5]

K-Pg界限中存在铱元素，证明地球很可能曾在6 600万年前被小行星撞击过，并且在此撞击中，太空岩石的碎片落在了意大利和西班牙境内。在笃定这种假设成立之前，人们还需要认真考察其他地方K-Pg界限中的铱元素含量。不出所料，沃尔特·阿尔瓦雷斯在丹麦哥本哈根城外和新西兰的两个K-Pg界限中都检测到了较高含量的铱元素。

沃尔特·阿尔瓦雷斯的父亲路易斯·阿尔瓦雷斯曾参与“曼哈顿计划”，并且获得过诺贝尔物理学奖。根据K-Pg界限中铱元素的含量，他计算了能在撞击中将铱元素散布在地球表面的小行星的大小。计算结果表明这颗小行星直径约为10千米。[6]

跟直径 13 000 千米的地球相比，这颗小行星似乎算不上很大，两者的体量差距相当于一颗乒乓球和一幢二层楼房之间的差距。关键的区别在于，小行星的速度极快，大约每小时 8 万千米，因而穿过地球大气层后，这个火球冲击力极强，足以在地球上撞出一个直径 193 千米、深 40 千米的陨石坑。这一撞击激起大量的岩石碎片及尘埃，它们充斥地球的大气层，甚至还溅跃到大气层之外，遮天蔽日，使整个世界的气温急剧下降，并停止了这个星球工厂的食品生产。

沃尔特·阿尔瓦雷斯、斯米特和他们的合作者们在 1980 年提出了小行星撞击地球导致物种大灭绝的设想。很多人认为这一开创性的想法有些激进，一些人则认为它太过惊世骇俗。自 19 世纪早期现代地质学诞生伊始，地质学家一直在强调地球上的变化是渐进性的，经过很长一个时期，缓慢而稳定的过程可以造成很大的变化。地质科学理论已经取代了《圣经》中有关大洪水和其他灾难的故事。突发的灾难性事件改写了生命的进程，这一观念不仅令人不安，而且也过于牵强，令很多科学家难以接受。

何况，陨石坑也是一个问题：193 千米的大坑！当时地球上还没有发现年龄适合且如此巨大的陨石坑。没有证据的支撑，反对者自然可以固执己见。

但在随后几年中，人们发现了更多的 K-Pg 界限，对此做了大量研究（见图 1-3）。研究人员在北美洲的一些地区找到一些看起来很有价值的线索。比如，科学家在海地发现了大量的玻璃和黏土质地的球状沉积物。[7] 这些微小的球状物是由陨石坑溅起的熔融岩石在落回地面过程中迅速冷却而形成的。在该岛上，人们还发现了只有在核爆炸或陨石撞击情况下才能形成的冲击石英颗粒。在得克萨斯州南部的布拉索斯河附近，种种迹象表明，当地曾出现过巨大的海啸，一同发现的还包括陨石撞击所产生的岩屑，这些都表明在墨西哥湾附近某处发生过陨石撞击。

图 1-3　科罗拉多州南部的 K-Pg 界限

注：这是含有来自墨西哥陨石撞击现场喷出物（白色层）的陆相沉积物。

资料来源：Kirk Johnson 拍摄，National Science Foundation 提供。

最终在 1991 年，人们在墨西哥尤卡坦半岛的希克苏鲁伯（Chicxulub）村发现了一个直径 160 千米的陨石坑，它的一部分位于该村地下，并且与 K-Pg 界限年龄相同。陨石撞击的证据终于出现了。[8]

真实的世界毁灭

自希克苏鲁伯陨石坑现世后，包括地质学家、古生物学家、生态学家、气象学家在内的众多领域的科学家，都想方设法揭开 K-Pg 陨石撞击触发那场大灭绝的秘密，并且努力了解灭绝和幸存的物种都有哪些，以及背后的原因。我们现在已经知道，在陨石撞击的当天以及之后的数天、数月乃至数年，情况其实比沃尔特·阿尔瓦雷斯和斯米特所能想到的还要糟糕。

小行星最终以每秒 15.24 千米的速度穿过大气层，撞上了地球。这次撞击引发了 11 级以上的地震，比有历史记录以来最强的地震还要强烈 100 倍。[9]这直接导致尤卡坦大陆架坍塌，并引发了 200 多米高的海啸，席卷了墨西哥湾和加勒比地区。冲击波将方圆 1 609 千米范围内地面上的一切都夷为平地。

从陨石坑里掀起的巨大岩石被抛向四面八方。一层厚重的喷射物以每小时几千千米的速度喷出并如雨点般溅落在北美洲的部分地区。与此同时，由超高温空气、二氧化碳、水蒸气、硫蒸气、汽化了的岩石、大块的靶岩所构成的撞击羽流，以大于地球逃逸速度（约每秒 11.2 米）的速度，将喷射物射入大气层，然后升腾到大气层外。最后，它们化作数万亿颗火红的流星，回落到地球表面，这一过程持续了数小时。

这场流星雨规模惊人，足以将地球表面每平方米覆盖上平均 10 千克小圆石。越靠近原爆点，流星落下得越多，随着距离渐远而逐渐减少。这场熔岩雨直接将大气温度加热到烤炉的温度，估计能达到

204～316℃。[10] 这样的温度，加之从天而降的岩屑，足以点燃干燥的易燃物并在全球引发野火。

野火反过来又产生大量的烟灰，夹杂着撞击形成的尘埃、巨量的硫蒸气和水蒸气，这一切足以在数年内显著地减少到达地球表面的太阳光照，从而阻碍了陆地及海洋中的光合作用和养料的生成。地表温度快速下降了大约7℃或者更多，而且持续了至少数十年。[11] 在富含碳酸盐的撞击地点产生的大量二氧化碳，经喷射进入大气层后，也导致了海洋的快速酸化。[12]

这听起来就像是一部好莱坞灾难片的夸张描写，但这却是真实发生的世界末日。

此次撞击留下的遗迹遍布全球，目前人们已确认了300多处K-Pg界限遗址。这一事件对于生命的影响，明确地反映在各处遗址出土的化石中。界限以上的世界（撞击之后）与界限以下的世界（撞击之前）完全不同。

受害的远不止恐龙、海洋爬行动物和菊石。[13] 在非水生动物中，体形但凡有比现代松鼠大的，都没能幸存下来，而松鼠本身也一直没有进化。这场大屠杀的过程异常清晰：生物先被炙烤，再被冷冻，然后一直处于极度饥饿状态。

虽然这一撞击直接毁灭的仅是大约方圆1 609千米内的所有生物，然而热脉冲的影响却是全球性的，它使得各处陆地上的动物都难以呼吸。那些从热浪中幸存下来的动物还得忍受可能长达数周的野火，野火毁灭了森林和其他植被。如果还能在野火中幸存下来，那么这些动物还必须忍受多年的黑暗与寒冷，其间没有任何新生植被。

植物化石记录生动地揭示了陆地生命所面对的极端困境。尽管动物化石记录数量繁多，但古植物学家能找到的植物记录更为丰富，他们不仅能从岩石中找到植物残存的部分，还能提取出大量的孢子和花粉。[14]在一个顶针般大小的沉积物中就有 1 万～ 100 万个花粉颗粒，它们能全面地反映任何特定时刻的植物多样性。花粉让我们了解到那场彻底的毁灭：在南北两个半球，在 K-Pg 界限之下，存在着丰富多样的有花植物及树木的花粉，而在该界限之上，这样的花粉则几乎不存在。相反，在该界限上方紧挨着该界限的地方，蕨类植物的孢子数量激增。不像有花植物的花粉必须落在能接纳它的花上才能授粉成功，这些古代植物的孢子落在任何地方都可以繁殖。即使是在今天，蕨类植物也是最早能够在已被摧毁的栖息地重新生长的植物，比如在火山爆发之后。蕨类植物的巅峰时期大约持续了 1 000 年。撞击之后，在地球上重新出现的植物中，主要物种都与撞击前的截然不同。物种灭绝程度在不同地区存在差异，在有些地方，物种灭绝比例最高达到了 78%。

以上就是花和树的遭遇，它们就像朱厄尔·埃肯斯（Jewel Akens）的那些旧时热门歌曲般逐渐消失了。那么鸟和蜜蜂的情况又如何呢？它们也迎来了末日。

鸟类从兽脚亚目恐龙（霸王龙也属于此亚目）中分化出来后，在侏罗纪晚期大约 1.5 亿年前逐渐进化而成。在小行星撞击地球之前，白垩纪晚期的天空中，有各种各样的鸟儿在飞翔。[15] 随着全球范围内森林的毁灭，这些鸟类中的大多数都消失了。同样，有证据表明，起源于白垩纪中期并进化出与有花植物有着密切共生关系的蜜蜂，在撞击事件之后同样也出现了大规模的灭绝。[16]

数万种植物灭绝，当时环境的糟糕程度可以想见。同样，小小的有孔虫的境遇也反映了当时海洋的类似状况：70% 或更多种类的浮游生物在撞击事件发生后消失了。[17] 由于植物和有孔虫构成了陆地和海洋食物链的最底层，食物链中更高层的生物随即也逐渐消亡了。

但是，尽管几乎一切毁灭殆尽，仍有物种得以幸存。

按下生命的重启键

科学家发现，最早的幸存者的化石就出现在紧挨着撞击层上方的岩层中。尽管主要的陆生脊椎动物都遭受了巨大的物种损失，但它们还是存活了下来，这其中就包括爬行动物、两栖动物、鸟类以及哺乳动物。

为什么一些物种能够幸存而另一些则不能呢？这是个宏大的科学问题。

重要的线索来自幸存下来的生物的生活方式。鳄鱼和海龟的生存状况要比它们在陆地上生活的表亲恐龙好得多，恐龙已经彻底灭绝了。[18] 从整体来看，虽然并非所有种类的蛇都幸免于难，但其中大多数也渡过了危机。[19] 鸟类中幸存下来的看起来都是体形相对较小、将巢筑在山洞和地穴里的类型或者是生活在海滨的那些。幸存的哺乳类动物也是体形较小的，可能也是住在洞穴里的那些。

鳄鱼、海龟、滨鸟等水生的或者半水生的动物，看起来有些优势。鸟类、哺乳动物、蛇类等有巢穴的动物同样如此。这些因素对于躲避热脉冲的袭击是有帮助的。较小的体形或较慢的新陈代谢也会减少对食物的需求，这在困难时期同样是一种优势。另外，体形较小也使得繁殖速度加快，种群得以快速恢复。

随着植被的恢复，这些幸存下来的小型生物就会填补空白，重新在天空中飞翔。每一种存活至今的物种都是这些幸运祖先的后代。

残存的物种在世界上重新繁衍，这种景象被完全不同的多条证据链所证实。以鸟类为例，我们知道现存的鸟类大约有 10 000 种，而化石记录也显示，在白垩纪后期鸟类有 5 大族群，其中的 4 个族群完全灭绝了。[20] 所有现代的鸟类都源自幸存的这一族。

最为有趣的是，通过检测现代鸟类的 DNA，我们可以很好地估算 40 种或主要鸟类种群的起源时间，如鹦鹉、隼、蜂鸟等。每个物种的 DNA 不仅包含着各自祖先的记录，还有关于它与其他物种分化的相对时间记录，其中的原因我会在第 5 章中解释。几年前，一大批研究人员完成了对所有现代族群代表的完整的 DNA 序列（基因组）的测定。鸟类的进化“树”显示，所有现存种群都是在 K-Pg 大灭绝中幸存下来的几个谱系的后代，随后鸟类的进化很快就开始了，鸟类世界的几乎所有现代秩序都是在 1 500 万年内形成的。[21]

由此产生的鸟类进化模式就像一棵树，在大灭绝后所有的“枝杈”都是从一个共同的主干上分出来的（见图 1-4）。这种进化模式与其他动物的进化模式也很相似。青蛙的起源可以追溯到 2 亿年前，但 3 个主要的青蛙族群，包括大约 6 800 种现代种群中的绝大多数，都是在大灭绝后才发展壮大的。[22]

哺乳动物也是这样。化石记录和 DNA 证据都表明，可能是大多数胎盘哺乳动物目的动物，如啮齿动物、食肉动物、有蹄类动物等，但不包括有袋类动物，在 K-Pg 大灭绝后很快繁盛起来。[23]

想想大撞击及其产生的后果所导致的这场大遴选塑造了生命的方向这一过程。这就像是按下了一个重启键，在仅有少数几个先前世界的留任者参与的情况下，重新开始了生命的游戏。统治陆地超过一亿年的大恐龙消失了。随后而来的世界以及它的居民看起来跟之前完全不同。

就物种而言，鸟类多于青蛙，青蛙多于哺乳动物。但我们不能把撞击后的世界称为鸟类时代或是青蛙时代，我们称之为哺乳动物时代。这一命名在一定程度上反映了这样的事实：哺乳动物很快进化出了更大的体形，食草动物和食肉动物共同占据了体形更大的恐龙腾出的空间。有些哺乳动物学会了飞翔，比如蝙蝠；有些则逐渐适应了在水中生存，比如鲸鱼和海豚、海豹和海象、海牛和儒艮。当然还有灵长目动物，这是在大灭绝后出现的一种哺乳动物，是人类的祖先。

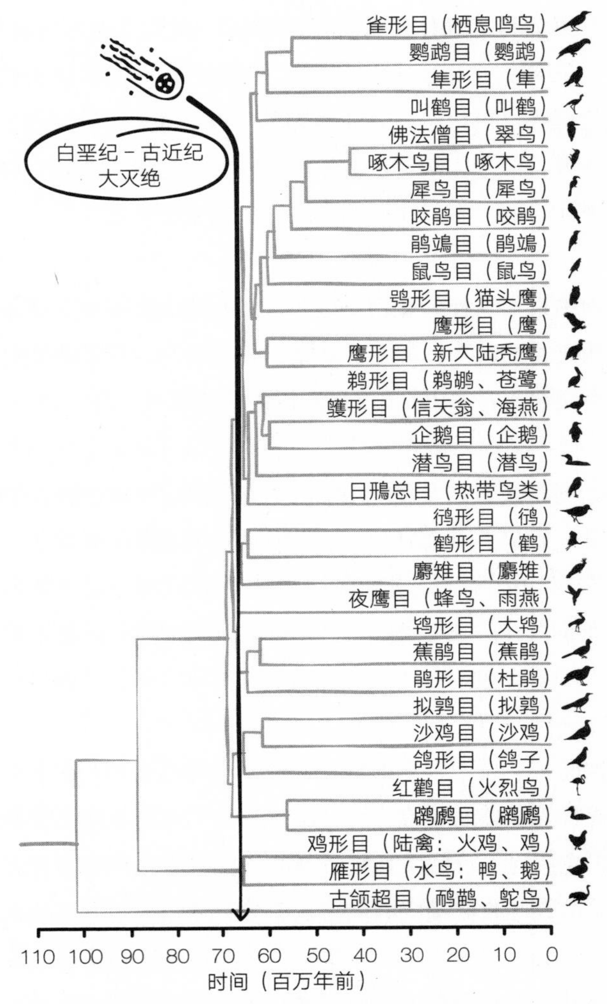

图 1-4　K-Pg 撞击后鸟类进化的树形模式

注：在大撞击之前有好几个分支的鸟类，大撞击后只有一支幸存下来，其余都消失了；而幸存的那支迅速地分化成我们今天所知的多种形态。

资料来源：Kate Baldwin 根据 Brusatte 等人 2015 年的数据绘制，经许可使用。

那么问题就来了：如果没有小行星撞击地球，还会有我们吗？

幸运的撞击

为了回答这个问题，我们需要认真考虑一些事情。

首先，哺乳动物在 K-Pg 大灭绝发生前已经进化得很好。它们与大恐龙共同存在了一亿年。[24] 从白垩纪后期开始，世界各地就有许多已知的哺乳动物物种。因此，恐龙的存在并没有妨碍毛茸茸的哺乳动物的出现。其次，哺乳动物体形相对较小，说明它们只是填充了占主导地位的恐龙所没有占领的犄角旮旯。最后，在恐龙消失的短短的几十万年里，哺乳动物的体形变得比此前一亿年里的任何时期都大得多。[25] 大灭绝后哺乳动物平均体形和最大体形的快速增长，说明恐龙是之前限制它们体形增长的主要因素。很显然，如果没有小行星的撞击，统治地球长达一亿多年的恐龙很可能仍然存在，因此灵长目动物就不可能出现，我们人类也就不会存在。

胜利者和失败者之间的差别只是在于运气的好坏。小行星撞击引发的环境变化是任何生物都没有经历过的。没有生物在它们的进化历史里专门为这长达数年的地狱生活做好了准备。恐龙的倒霉之处在于那些让它们占据了统治地位的特征，比如巨大的体形，这些特征恰恰也是让它们变得脆弱的因素。一部分哺乳动物的好运也是因为它们的一些特征，比如体形小和穴居，这些特征反而增加了它们存活下来的概率，当然，大多数哺乳动物也灭绝了。

没有小行星撞击地球，我们存在的概率就很低但一颗足够大的小行星撞击地球的概率同样非常低。K-Pg 小行星留下的希克苏鲁伯陨石坑的发现引发了科学家对其他小行星撞击事件的巨大兴趣。结果却发现在过去的 5 亿年中，无论是地球还是月球——跟地球经受了差不多同等次数的小行星撞击，都没有任何一次小行星撞击引发的地震震级能跟希克苏鲁伯撞击事件相比。[26] 要诱发一次大灭绝，小行星的体积很重要。由于只发现了这一次如此程度的撞击，我们只能说希克苏鲁伯撞击事件大约是 5 亿年甚至更长时间不遇的。

而且，我们还发现，即便来的是一颗体积更大的小行星，撞击的地点同样重要。由于尤卡坦撞击地点附近的岩石富含碳氢化合物和硫黄，撞击产生了数量极其巨大的烟尘和能使阳光偏转的气溶胶。[27] 地质学家认定，只有 1% ～ 13% 的地球表面存在这种能产生类似毁灭性混合材料的岩石。[28]

如此小的目标范围，同时地球又在以每小时 1 609 千米的速度自转，如果这颗小行星早 30 分钟撞上地球，它就会落入大西洋；晚 30 分钟，就会落入太平洋。无论是过早还是过晚 30 分钟，恐龙就还有可能继续存在，那么，就不会有《泰迪熊》或是《泰迪熊 2》了。但愿这样的事不会发生。

A SERIES OF FORTUNATE EVENTS

第 2 章

暴脾气的野兽

生活的意义并不在于你能击出多狠的一记重拳……而在于你能承受多少次重击，然后还能继续前行。

洛奇·巴尔博亚（Rocky Balboa）

系列电影《洛奇》（*Rocky*）的主角，拳击手

1903 年 10 月 20 日，超过 5 000 名观众挤进了费城的南方竞技俱乐部，前来观看当地最受欢迎的乔·格里姆（Joe Grim）对阵前世界中量级和重量级拳击双料冠军鲍勃·菲茨西蒙斯（Bob Fitzsimmons）。比虚构的洛奇·巴尔博亚更早，格里姆以其非凡的勇气和过人的胆量赢得了这座城市和整个拳击界对他的热爱与尊敬。

格里姆原名萨韦里奥·詹诺内（Saverio Giannone），出生在意大利阿韦利诺，在家里的九个孩子中排行第八。他 10 岁时来到美国，在百老汇竞技俱乐部门外摆了一个小小的擦鞋摊。他非常喜欢观看当时频繁举办的裸拳拳击比赛，有一天晚上，一位拳手因故未能参赛，举办方不得已向观众席征求一名志愿者，这时格里姆跳了出来，接受了这个挑战。

格里姆被打惨了，但令人称奇的是，每一次被击倒在地后，他总能像皮球一样从地上再次跳起。尽管没有任何拳击技巧，格里姆却一直笑着坚持到了最后。他一战成名，很快就有经纪人找到了他，安排他到其他竞技俱乐部去对阵各种拳手，并给他取名“乔·格里姆”（见图 2-1），毕竟没有人愿意去叫他那拗口的真名。他的名声迅速在拳手中间传播开来，毕竟，谁能拒绝比赛稳赢的诱惑呢？

图 2-1　乔·格里姆

资料来源：National Poltice Gazette，No.134，December 12，1903，经许可使用。

他们来后都大吃一惊。这个身高 170 厘米、体重 68 千克的格里姆打败了比他更高大、更有名的众多拳手，其中包括杰克·奥布莱恩（Jack O'Brien）、巴巴多斯·乔·沃尔科特（Barbados Joe Walcott）、迪克西·基德（Dixie Kid）、约翰尼·基尔班（Johnny Kilbane）和巴特林·莱维斯基（Battling Levinsky）。他们每一个都把格里姆打得灵魂出窍，却都没能把他彻底击倒。以非常快的击打速度和毁灭性力量而著称的杰克·布莱克本（Jack Blackburn），尝试了三次也没能击败格里姆。[1] 在比赛结束时，浑身是血的格里姆站到拳台围栏上，冲着他的狂热追随者吼道："我是乔·格里姆，我不怕地球上的任何一个人。"[2] 他还说自己想要挑战世界重量级拳王。

终于，他在 10 月的这天晚上获得了向菲茨西蒙斯挑战的机会。菲茨西蒙斯是一位在世的传奇人物，据说他的重拳能击穿任何材料。这位"长满雀斑的奇迹"击败了很多重量级选手，获得了两个世界冠军头衔，并被认为是迄今为止这项运动中最硬的"铁榔头"之一。比赛共分 6 个回合，大多数拳击专家预计比赛会很早结束。菲茨西蒙斯甚至认为只要一个回合自己就能获胜。

比赛过程中，菲茨西蒙斯一次又一次地将格里姆击倒在地，但后者"不断平静地站起来，更为积极地进行防守"。菲茨西蒙斯晃动着脑袋，持续地挥动拳头。[3] 格里姆的鼻子和耳朵被世界冠军打得出血，只能努力地保护着自己的下颚。菲茨西蒙斯不断使用摆拳、勾拳、刺拳、上勾拳轮番击打，格里姆在第 3 回合中被击倒 4 次，在第 4 回合中则被击倒 6 次。在被击倒后裁判数 10 判负时，他有 7 次直到裁判数到 9 才站了起来，继续比赛。[4]

眼看到了第6回合，观众们开始嘲讽世界冠军还是没能将这个意大利人淘汰出局。菲茨西蒙斯恼怒地从他的比赛角腾身而起，而格里姆顽强地抵挡住了他的进攻，并用一记摆拳短暂地击晕了这位前世界冠军。而后，菲茨西蒙斯再次击中格里姆面部并将其击倒在地，但格里姆跳起来继续战斗，直到比赛结束的钟声响起。费茨西蒙斯马上握了握格里姆的手，而格里姆则在走回比赛角的途中还翻了个跟头以示庆祝，尽管他在整场比赛中曾被对手击倒17次。[5]

一位现场目击者说，格里姆抵抗住了普通人根本无法承受的连续击打。格里姆的对手对于他在受到如此沉重的击打后仍能保持微笑表示无法理解，重量级拳击冠军杰克·约翰逊（Jack Johnson）甚至表示："我不相信这个人只是血肉之躯。"[6]尽管如此，格里姆还是输掉了他的绝大多数比赛，在他的整个职业生涯中，他被击倒过数百次。由于坚毅的表现，他获得了"人体沙袋"的名号。[7]

乔·格里姆的故事说明我们人类，至少是其中的一部分人，能够承受重击。这绝对是件好事，因为从小行星撞击地球的那一刻起，直至无所畏惧的乔·格里姆降生在地球上的6 600万年间，地球已经带给栖息其上的生物无数次重击。地球变动频仍，曾经存在过的物种，99.9%都被它淘汰出局了。

但其中不包括我们人类，至少现在还不包括。

那么，乔·格里姆和他两条腿的猿人远亲究竟有多大机会出现在这个星球上呢？格里姆几乎无法躲避重量级拳手的攻击，但作为人类，他不存在于地球上的概率则要比前者小得多。一系列改变地球的事件已经在过去的 6 600 万年里一一呈现，有些相当缓慢，有些则非常迅速。其中的任何一件事的发生方式都可能是随机而迥异的，它们何时会发生，或是根本不会发生，都会使生命的故事截然不同。事实上，在过去的百万年间，地球一直处于一种极其动荡不安的循环之中，跟过去 3 亿年间出现的任何情况都不一样。

但凡没有杀死我们的，都让我们变得更加强大。这些剧变塑造了我们人类的特殊能力，让我们能够应对地球给予我们的各种重击。这就是为什么我们还存在，而我们的很多竞争者早已不在了。

好时代，坏时代

白垩纪 - 古近纪更替之际被小行星撞击之后的岁月无疑是地球历史中最糟糕的时光之一。然而，最近从美国科罗拉多州发现的化石表明，即使这个地方当时遭受过地球上最严重的撞击，但在几十万年间，森林重新恢复了，哺乳动物数量回升并不断进化出更新、更大的种群。[8] 此后的数百万年，地球上的生命享受着自哺乳动物和鸟类出现以来最好的那部分时光。

地质学家将过去的 6 600 万年分成 7 个不同长度的时期，分别是古新世、始新世、渐新世、中新世、上新世、更新世和全新世（见图 2-2）。不同世的界限通常以反映海洋和陆地生物生存环境转变的岩石的变化为标志。尽管有些界限划分以大量生物灭绝为标志，但其中任何一次的灭绝规模都无法与白垩纪 - 古近纪更替之际发生的物种灭绝规模相提并论。相反，这些界限的划分一般更多表现为包括哺乳动物在内的特定植物和动物物种有限的变化，像是其中一些物种开始出现，一些逐渐消亡，或者一些物种在地球上的分布情况发生了变化。

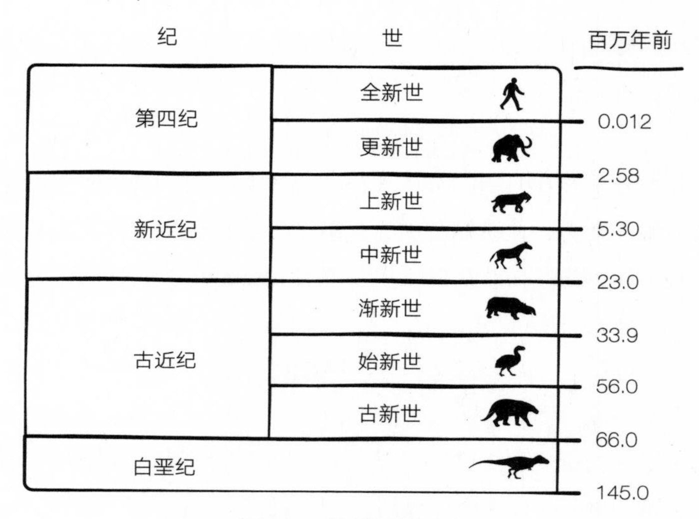

图 2-2　地质时期划分

资料来源：Kate Baldwin.

比如，古新世和始新世的交替就以深海有孔虫的大量灭绝为标志。然而，在陆地上，哺乳动物的生存范围却迅速扩张，最早的灵长目动物已分别在北美洲、亚洲和欧洲出现。而始新世和渐新世的更迭标志则是，欧洲部分地区超过 80% 的胎盘哺乳动物灭绝了，灵长目动物则从北美洲消失。[9] 在上新世结束时，大量海洋动物灭绝，包括一些哺乳动物、海鸟、海龟和鲨鱼，其中还包括恶名昭彰的、体形有校车那么大的巨齿鲨。[10] 在 11 700 年前更新世结束时，除了非洲以外，地球上其他地方绝大多数体重超过44千克的大型哺乳动物都灭绝了，这其中就包括差不多90个属，比如巨型地懒、骆驼、北美洲的剑齿虎，以及欧洲的长毛猛犸象和披毛犀等。[11]

所有领域的科学家都对这些剧变感到困惑不解：究竟发生了什么？

世更替的原因

自19世纪以来，世更替的很多模式已然揭晓。但一直存在的大问题是，这些物种间的更替究竟是生物物种随时间推移稳定的正常变化，还是由一些突发事件而导致的结果？人们在提及世的更替原因时，经常提到小行星撞击、火山喷发、超新星出现、地壳板块移动、海平面下降、冰川作用等因素，或以上各种因素的组合。然而现在的挑战是，我们必须找到确凿的证据证明这些突发事件与世的更替同时发生，而且它们又足以解释地球和生命的变化。

直到最近，地质变化的速度还无法非常准确地确定，气候变化的幅度也是如此。因此，这些变化背后的可能原因很难分析。[12] 地质学的一个重大发展是出现了能够追溯过往气候变化的技术。地质学家现在可以通过分析氧、碳、硼等元素稳定同位素的相对丰度来推断古代气候条件，包括空气和海洋温度等，这些元素都保存在有孔虫或软体动物的外壳里、被掩埋的沉积化合物中。这些间接的化学指标或者说“代用指标”，再加上用以确定岩石年龄的高度精确的放射性测年法的发展，已经彻底改变了我们对于过往发生了哪些地质事件以及它们发生得多么快速方面的认知。有一个关键的事实是清晰的：所有世的更替都以重大的、有时是突发的气候变化为标志，尽管这种力量并不总能引导我们找出有关触发机制的确凿证据。

例如，在古气候记录无从获取时，人们对于古新世和始新世之间显著的交替速度并不重视。在一百年以来，人们才知道，有些种群在始新世开始的时候才开始出现，这其中包括偶蹄目动物（骆驼、鹿等）、奇蹄目动物（包括马、犀牛等）和灵长目动物。气象记录揭示，在古新世和始新世交替时期，地球深海区水温和陆地气温分别升高了约 5℃和 5 ～ 8℃，而且持续了大约 10 万年（见图 2-3）。[13]

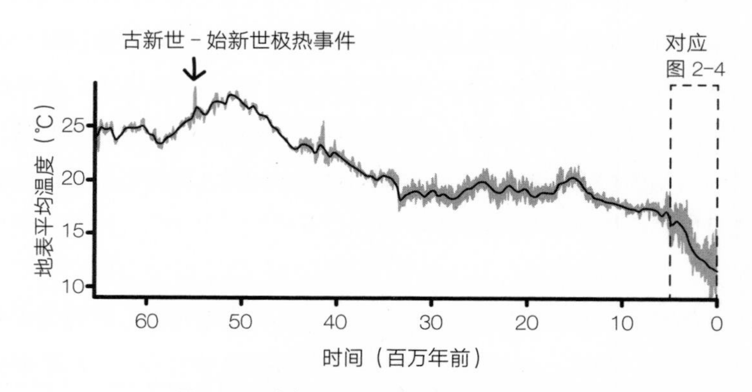

图 2-3　过去 6 600 万年全球温度变迁

注：黑线为每 50 万年为时间间隔的平均地表温度曲线；纵向散列为实际数据点。

资料来源：Illustration by Kate Baldwin 根据 Hasen 等人 2013 年的数据绘制。

你可能会认为升高 5℃不算什么大事，但要知道，这可是全球平均温度。这种温度变化在地球上并不是平均分配的：相比于赤道附近，高纬度地区的变化会更大。客观来说，两万年前如果地表温度下降 5℃，北美洲、欧洲和亚洲的大部分地区就会被封存在数千米的冰层以下。在古新世，这种影响体现为气候、植被、生物栖息地环境产生了巨大的地域性变化。

随后 3 个世的更替都以地表温度的下降为标志[14]：从始新世晚期到渐新世早期，相对较快地下降了 4 ～ 6℃；从上新世到更新世早期，逐步下降了 3℃；[15]更新世和全新世更替之际出现了一个快速下降几摄氏度随后又快速升高几摄氏度的过程。[16]地质学家面临的挑战在于，如何将这些气候变化与特定的事件联系起来。

自从发现造成希克苏鲁伯陨石坑的小行星撞击地球事件，引发了白垩纪－古近纪大灭绝，小行星就占据了引发全球性变化的嫌犯名单的头名。一般认为，只有直径为 1 ～ 2 千米的小行星才能对地球产生明显的影响。[17]这种尺寸的小行星会在地球表面撞出直径达 20 千米或更大的陨石坑。[18]在过去的 6 600 万年里，有相当多来自太阳系的大块陨石落在了地球上，我们已知的符合上述标准的陨石坑就多达 12 个（见表 2-1）

表 2-1　12 个知名的陨石坑

陨石坑名称	直径（千米）	年龄（百万年前）
博尔蒂什（Boltysh）	24	65
切萨皮克湾（Chesapeake Bay）	40	36
希克苏鲁伯	150	66
埃尔塔宁（Eltanin）	N/A	2.5
豪顿（Haughton）	23	23
卡门斯克（Kamensk）	25	49
卡拉库尔（Kara-Kul）	52	5

续表

陨石坑名称	直径（千米）	年龄（百万年前）
洛甘查（Logancha）	20	40
米斯塔斯汀（Mistastin）	28	36
蒙泰格尼丝（Montagnais）	45	51
波皮盖（Popigai）	90	36
瑞斯（Ries）	24	15

除了希克苏鲁伯，还有哪一次小行星撞击地球能达到引发世的更替的级别呢？答案是：基本没有。

埃尔塔宁小行星撞击地球发生在大约 258 万年前，正值上新世和更新世交替之际。这是已知的唯一发生在深海盆地的撞击，据信该小行星的直径约为 2 千米。[19] 撞击使大量的海水和硫黄等物质喷射到空气中，并引发了巨大的海啸。但这是否足以将地球推入长期的寒冷时期，以至于将其变为冰川期，答案尚不明确。

与此类似的还有，科学家曾经在新泽西海岸边发现古新世和始新世交替之际小行星撞击地球的碎片，但仅靠这一发现无法证明这里发生过撞击。[20] 因为没有发现与该碎片同年龄的陨石坑，所以也无法知道这颗小行星的大小。

更何况，从理论上讲，小行星撞击本应会让地球变冷，而事实上，在古新世 - 始新世极热事件中，气温是在上升的。而大规模火山喷发或甲烷排放等事件，则更可能导致气温上升。

综上所述，在哺乳动物时代，由小行星撞击地球引发世的更替，这一论点的证据尚不充足。大多数世的更替并没有发生小行星撞击地球，而且很多较大的撞击并未产生已知的持续性的全球影响。当然，它们都产生了区域性或短期的影响。那么，还有什么能够解释快速的气候变化和动植物世界的重大转变呢？最近的调查揭示出一种全然不同的、改变了世界的碰撞。

从温室到冰窟

今天的世界地图跟6 600万年前的相比，从大多数大洲的位置来看，并没有什么根本性的不同。[21] 但今天的气候与早期的哺乳动物和后来的灵长目动物出现时的气候的有着根本性不同。从化学指标看，在小行星撞击地球以后约 1 500 万年间，地球比现在更加温暖。5 100 万至 5 300 万年前，地球平均地表温度为 25 ～ 30℃ [22]，热带雨林的覆盖面积达到了地球历史上的最大值[23]，亚热带丛林延伸到了极地，从北极到南极，地球上几乎看不到冰。

而今天，地球的平均气温约为 14℃，两极均被冰雪覆盖。地球已经从始新世早期的“温室”变成了如今的“冰窟”。古气候记录揭示出，全球平均地表温度一直处于逐步下降和快速下降的周期中，中间夹杂着一些间歇性的升温阶段（见图 2–3）。

如果小行星撞击不是这个变冷趋势的成因，那什么才是呢？

人们已经发现了两个关键的线索。第一个是南极洲冰川形成的时间。4 000 万年前，南极洲在地球上的位置和现在类似，但从发现的化石看，那时的南极洲却是一派青翠的景象。然而，在始新世后期，南极洲开始结冰封冻。[24] 到了渐新世早期，广袤的南极洲完全被冰雪覆盖，并一直延续至今。南极洲的冰川形成是地球气候的一个巨大的临界点，因为它将巨量的水变成了冰，从而降低了整个地球的海平面。

第二个线索来自二氧化碳的古气候记录。由于二氧化碳是大气层中吸收热量的主要气体，因此被认为是调节地球气温的主控因素。[25] 在温暖的始新世早期，二氧化碳的含量极高，达到了 1 400 ppm（现在只有 415 ppm）。[26] 但在始新世后期，大气中的二氧化碳含量开始下降，后来在渐新世早期更是急剧降至 600 ～ 700 ppm。

二氧化碳含量的下降，可以解释始新世和渐新世更替之际的主要降温过程和南极洲冰川形成的原因，但二氧化碳含量的急剧下降又是什么原因呢？

大气中的二氧化碳可能通过几种途径被消耗掉。植物可以把二氧化碳转化为食物和生物质，其中一些生物值会被埋葬。海洋把二氧化碳溶解在海水中。岩石通过化学风化作用消耗二氧化碳：雨水中的二氧化碳形成碳酸，缓慢地溶解岩石并释放出钙、镁和其他离子，然后这些离子进入河流和海洋，在那里通过甲壳类生物和碳酸盐离子结合在一起，这些甲壳类生物最终会死去并被掩埋。

以上这些途径能够解释始新世后期二氧化碳的减少和沉积吗？那时有更茂密的森林、更广袤的海洋，或是更多的岩石在做这项工作吗？

答案是那时有更多的岩石，为此我们要感谢印度，或者更准确地说是印度板块。这个板块是十几个形状不规则的大型地质构造板块之一，它们拼合成了带有海洋与大陆的整个世界。这些板块由坚硬的岩石形成，横跨地壳和上地幔，像木筏一样在由岩浆和熔融岩石形成的半液态层上慢慢移动，大多数以每年 2 ～ 4 厘米的速度相当缓慢地蜿蜒而行。

但印度板块是个例外。6 600 万年前，它所处位置与现在差别很大，位于远离亚洲大陆超过 4 000 千米的南半球，靠近马达加斯加。构造力以每年 18 ～ 20 厘米这一极快的速度推动该板块向北移动，直到它在 4 000 万年前与亚洲大陆相撞。[27]

地球化学的开创者沃利·布勒克（Wally Broecker）将这一事件描述为“改变世界的碰撞”。那次缓慢而持续的碰撞逐渐形成了青藏高原和喜马拉雅山脉。[28] 从始新世后期开始，这些不断升高的山脉通过消耗大气中的二氧化碳，重新改变了地球的气候。

印度板块以更快的速度移动看起来仅仅是一次意外，一次地质事故。[29] 1.4 亿年前，一个名为冈瓦纳的超级大陆分裂出多个板块，印度板块是其中最薄的一个，它比其他板块薄 100 千米。[30] 构造力推拉着“苗条”的它，使它每年的移动距离比其他板块快 15 厘米。

但每年 15 厘米能形成多大差别呢？这种更快一点的速度使印度板块在 2 000 万年里移动得更远。如果按照通常的速度，印度板块应该还没有撞到亚洲大陆，那么地球的气候当然也不会出现当时的那种改变，生命的故事也会截然不同。

然而，印度板块的确撞上了欧亚大陆，于是地球发生了变化，而且将以更具戏剧性的惊人方式继续改变。

欢迎进入冰川期

请再回头看一下图 2-3 的温度曲线。看看从 6 600 万年前直到现在的那条粗而平滑的曲线。这条线是以平均 50 万年为一个时间间隔连接而成，反映了长期的降温趋势。现在，请注意一下叠加在主线上的带有尖峰的折线，那代表着许多时间点的实际气温数据。曲线越向右，气温的波动幅度就越大，这是怎么回事？

为了看清楚这些细节，下面是过去 500 万年的放大图（见图 2-4）。

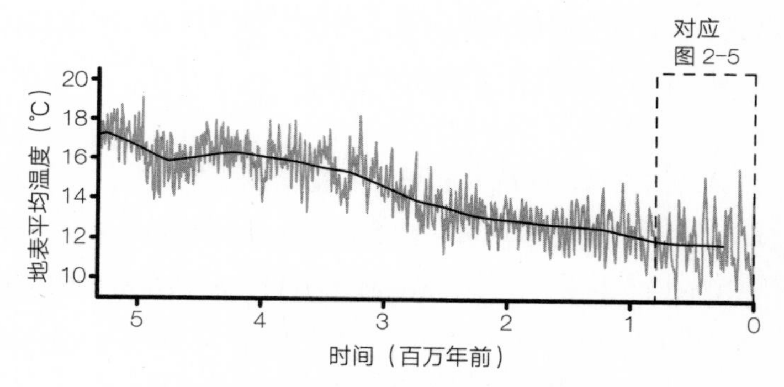

图 2-4　过去 500 万年的全球温度变化

注：实线是每 50 万年为一个时间间隔的平均地表温度曲线；竖向折线为实际数据点。请注意在最后的数百万年间，竖向折线的波动幅度越来越大。

资料来源：Kate Baldwih 根据 Hansen 等人 2013 的数据绘制。

看看这曲线的右端区域过去的200万年间的温度分布。这里还有近80万年的细节放大（见图2-5）。

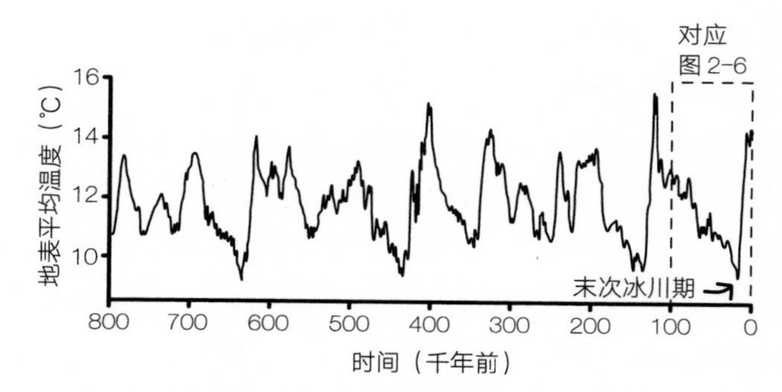

图 2-5　过去 80 万年的全球温度变化

注：气温下降时是冰原扩展的冰川期；气温峰值出现在冰原收缩时持续时间更短的间冰期。

资料来源：Kate Baldwin 根据 Hansen 等人 2013 年的数据绘制。

究竟发生了什么？

欢迎进入冰川期。始新世以来的长期降温趋势使地球进入了3亿年里最冷的时期。没错，3亿年。这些高低起伏的尖峰说明，在过去的200万年里，地球在两种非常不同的状态间摇摆。这些温度的循环代表着冰川期和间冰期。

气温下降时是冰川期，巨大的冰原占据了北半球，比如在北美洲，厚厚的冰层覆盖了整个加拿大，冰川最远到达了俄亥俄州南部。气温的峰值出现在持续时间较短的间冰期，此时冰盖有所消融。现在，我们处在一个已经持续了 11 700 年的间冰期中。

现在还不清楚是什么导致了冰川期的出现。不管是何种诱因，很明显的一点是，大气中二氧化碳的含量从上新世的大约 415 ppm 的高位，下降到了冰川期开始时（更新世）的约 280 ppm。[31] 这一新的、更低的二氧化碳含量看起来是一个关键的阈值，这时其他的机制开始启动，比如冰对阳光的反射，从而导致进一步降温。

不过这种降温并不是固定的，而是周期性的。在地球再一次变冷之前，一定有什么因素导致了气温回升。这个因素是太阳，更准确地说，是地球接收的阳光。冰川周期的规律性源自地球轨道及倾斜角度的微小变化，这些变化会影响北半球高纬度地区的光照量。在过去的 100 万年里，最显著的两个周期分别持续了大约 10 万年和 2.3 万年。较长的周期是由于其他大行星导致地球近乎圆形的轨道出现了偏差，这种偏差决定了冰川期和间冰期的更替。较短的周期是由于太阳和月亮引起的地球自转轴的摆动，这种摆动决定了较长冰川周期内冰川期和间冰期的出现。

然而，太阳的辐射并不是温度的主要决定因素。当地球开始变暖时，二氧化碳会从海洋中释放出来，使地球加速升温。而当海洋变冷，它会储存更多的二氧化碳。在过去的 80 万年里，二氧化碳的含量在 180 ppm 和 280 ppm 之间波动，直到最近它已超过了 400 ppm，这里就不展开介绍了。[32] 结果，空气中的二氧化碳含量水平跟地表温度在长周期里紧密相关。

但是长轨道周期和二氧化碳并不是故事的全部。研究发现，冰川期的气候比任何人所预测的都要动荡。

地球气候的纤颤

我们放大格陵兰岛在过去 10 万年相对于今天的温度变化曲线（见图 2-6）。

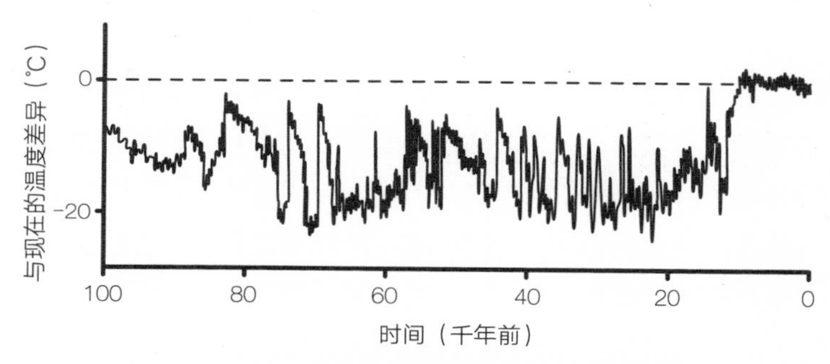

图 2-6　过去 10 万年间格陵兰岛地表温度的快速波动

注：格陵兰岛每几千年发生一次幅度高达 20℃的冰川期气温突变，表明这一时期全球气候极度不稳定。

资料来源：Kate Baldwin 根据 ACIA 2004 年的数据绘制。

如果你在想，波动幅度这么大！那么你的反应跟当初发现地球气候如此不稳定的科学家的反应一模一样。这种不稳定不仅发生在过去 200 万年里的冰川期和间冰期之间，在刚刚过去的最近的冰川期内也是如此。

1992 年，当相互竞争的两支来自欧洲和美国的钻探队钻到格陵兰冰盖下 3 千米处，他们发现了“剧烈的”气候震荡。冰和它冻结的气泡及尘土，保存着形成时的气候记录。在过去的10万年里，格陵兰岛共计有25次逐渐变冷[33]，然后在仅仅10～20年间又以最多7℃的幅度变暖[34]。

相比之下，在过去的一个世纪里，格陵兰岛的气温仅上升了2～3℃，而格陵兰岛的冰层融化速度却越来越快，这引起了现今的科学家的极大关注。因此，这25次波动反映了全球范围的大动荡。到底是怎么回事？

这里还有一张图表，看看你能不能弄明白（见图2-7）。

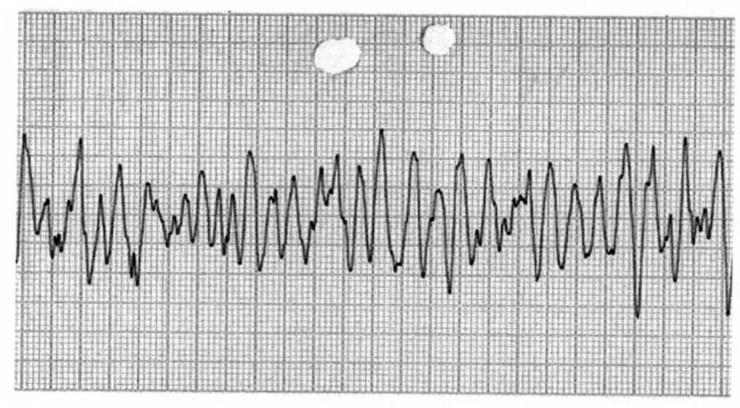

图2-7 心室纤颤

注：心律不齐患者的心电图。

资料来源：Beatson等人根据Oxford University Press的数据绘制，经许可使用。

被难住了？

这是心室纤颤患者的心电图。

这是一个相当好的类比。纤颤是一种心律失常：肌肉纤维随机收缩导致的一种混乱、不同步、不规律的心跳。我们现在知道，在由地球轨道驱动的冰川循环更长、更有规律的节奏影响下，地球的气候在过去至少 80 万年里一直处于纤颤状态。

比如，大约 12 900 年前，随着地球变暖进入间冰期，一些地区在几十年间气温突然下降了好几度。1 200 年后，它们又在短短 5 年内再次变暖。这一时期被称为“新仙女木期”，仙女木是一种标志性耐寒植物，它在寒冷时期的分布范围逐渐向南扩张。

这一次或其他纤颤是如何发生的，科学家还在认真研究。从时间上看，气候快速反转事件是随机发生的，因此很难明确地指出某一确定的原因。[35] 但是，看起来当某些因素的组合到达一个临界点时，气候就发生了反转。其中的原因似乎涉及大西洋环流。温暖的热带大西洋的海水被墨西哥湾流带向北方，随着表层海水的蒸发温暖了沿途的空气，表层海水就变得更咸、更冷、更浓稠，并在接近极地的海洋下沉。这种又冷又咸的深层海水随后向南回流，经过赤道、南美洲、非洲和南极洲，最终回到南大西洋，然后按照这一线路不断循环。大西洋环流就像一台巨大的热泵，加热了北半球。但是这台泵经常被打开又关闭。

淡水的流入，比如北半球冰盖融化形成的淡水，就能打断这一环流并关上这个热泵，使它快速崩溃并最终导致地球快速变冷。或者，在更寒冷的时期，当冰盖融水减少，海水的盐度就会上升，使环流增强，从而导致地球快速变暖。

令发现了大西洋环流的沃利·布勒克震惊的是，这种机制对气候变化有极强的放大作用，而没有太多的减缓作用。在发现这些快速的纤颤后不久，布勒克评论道："古气候记录在向我们呐喊，地球的气候系统就像一头暴脾气的野兽，哪怕是轻轻一碰，它都会反应过度，根本不能保持自我稳定。"[36]

当然，关于这头脾气暴躁的野兽，最有趣的问题还得是这些过度反应对地球生物的影响。小行星撞击地球带走了大多数动物的生命，除了那些大部分时间生活在水中或地下的动物。哪些种类的动物能够适应过去 200 万年里极度不规律、意外频发、不断大幅波动的气候呢？

放下这本书，去照照镜子。

你现在正在看着它们。

四季皆宜的动物

为了弄清楚这些气候的纤颤对于我们这个物种以及我们的祖先究竟意味着什么，考古专家必须将他们的注意力从格陵兰岛和南极洲冰层下的记录转向非洲的岩石和土壤里的其他线索。越靠近赤道，寒冷期与温暖期的转换就变得越不关键了，雨季和旱季的周期循环才是我们考察的重点。诸如尘土、花粉、湖泊和近海沉积物等物质，揭示出潮湿和干旱环境之间的剧烈波动。

要想了解这些干湿波动的幅度和速度，请想想当今地球上最大的热带沙漠：撒哈拉沙漠。它的面积约有 932 万平方千米，5 000 至 11 000 年前，这里曾是一片绿洲！从上一个冰川期结束开始，极度干燥的撒哈拉迎来了丰沛的降雨，那时的降雨量是现在的 10 倍还要多，足以蓄起永久性的湖泊并承载多种多样的植物、动物和人类。[37] 如今，人们在阿尔及利亚、乍得、利比亚、苏丹和埃及发现了数以千计的岩画、雕刻，记录了以前"绿色撒哈拉"时期的大象、河马、长颈鹿以及狩猎者，但仅仅几个世纪后，气候逐渐转至干旱，从而开始形成今天的沙漠。

为了了解这种气候的波动对于我们和其他物种的长期影响，考古专家一直在重点关注有人类和我们的祖先长期生存记录的地区。在肯尼亚南部内罗毕西南约 64 千米处，奥洛格塞利（Mt. Olorgesailie）和奥尔多尼奥 – 埃萨库特（Oldonyo Esakut）这两座死火山之间的东非大裂谷的底部，就存在着这么一处所在。

古人类学先驱玛丽·利基（Mary Leakey）和路易斯·利基（Louis Leakey）夫妇①，最早于 1942 年的复活节周末，开始勘查奥洛格塞利盆地被侵蚀的丘陵和沟壑。他们分头仔细搜寻白色的沉积物。几乎在同时，他们互相呼喊对方。玛丽不断大声地叫路易斯赶快过来看看她的发现。"当我赶过去看时，我简直不敢相信自己的眼睛。在一片宽 15.2 米、长 18.3 米的范围内，有着成百上千的手斧和砍刀。它们非常大，作工

① "利基"这个姓氏就是人类起源研究的代名词。利基夫妇的儿子理查德·利基作为"古人类学第一家族"的第二代成员，做出了不亚于其父母的伟大成就。由他撰写的《人类的起源》是人类进化史领域不可不读的经典之作，该书中文简体字版已由湛庐策划、浙江人民出版社出版。——编者注

堪称完美。”[38] 路易斯后来这样回忆道。玛丽觉得这场景简直就像是一个刚刚废弃的石制工具加工厂，而其实它已存在了 70 万年之久。这场景如此让人震惊，他们决定原样保留其中的大部分现场。他们修建了狭窄的人行通道，将整个发掘现当作一座公共博物馆向公众开放，那里就像奥洛格塞利火山一样至今未变。

由于这里的沉积物中保存着过去 120 万年的大部分历史记录，考古学家一直将这里作为重点研究区域。[39] 几十年来，一支大型的跨学科研究队伍连同美国史密森学会（Smithsonian Institution）和肯尼亚国家博物馆（National Museum of Kenya）共同努力发掘那段历史。除了石制工具，还有大量的动物化石，它们与气候指标相互印证，共同讲述了一个令人印象深刻的故事。

在距今 120 万年至 40 万年，这里至少发生了 16 次重大的环境变化，陆地在湿地和干旱的草原之间来回变化。[40] 这种变化在过去的 32 万年间进一步加速。然而，大多数的环境波动发生后，在随后的沉积层中发现的工具表明，在这长达 100 万年的高度不稳定的气候条件下，原始人依旧能够坚守下来或至少是重新在这片区域定居下来。

然而，动物的遗骨却讲述了另外一个故事。比如，出现在 50 万年前的 30 种哺乳动物中，包括如长颈鹿、羚羊、斑马和大象等许多大体形的食草动物，只有 7 种在随后的 20 万年存活下来。这些物种最终演化为 16 个新的物种，而这些新物种以前在奥洛格塞利从未被发现。[41] 对于这种大规模的物种变化，最简单的解释就是，不断变化的气候造就了新的环境，环境变迁的速度比动物的适应速度要快。

那么原始人的这种适应力又是怎样形成的呢？石制工具的记录给出了一些有力的线索。同样在这 20 万年中，原始人的工具箱经历了令人吃惊的变化。[42] 考古学家在奥洛格塞利盆地里发现的50万年以前的工具，以大型石制手斧为主。

但是，在距今 50 万年至 32 万年前，早期的人类开始制作更为精良的工具，比如可以装在武器上的尖头、细刮刀和锥子。这些新工具有很多是用黑曜石制成的，而这种火山石远在 80 多千米外才能找到（见图 2-8）。而且，后来的这些工具制造者使用了可能用于人体彩绘的彩色颜料。这些从远处得到的材料和新设计的工具都表明，它们的制造者比奥洛格塞利更早期的居民拥有更强的认知能力，并且有着更复杂的社会行为。

（左） （右）

图 2-8 肯尼亚奥洛格塞利出土的石制工具

注：在气候快速变化时期，奥洛格塞利周围的原始人使用的工具从大手斧（左图）变成了更小、更精细的刀片和刀尖（右图）。

资料来源：Human Origins Program, Smithsonian Institution.

这些并不是他们仅有的技能。原始人在距今80万年至100万年前就学会了如何使用火去围猎、取暖和烹饪，因为他们知道从煮熟的食物中能够获取更多热量。[43]这类知识使得这些狩猎采集者比其他动物能够更好地面对气候的动荡和水、植物、猎物和材料等资源的不可预测性。[44]

狩猎采集者是如何获得更强的认知能力和社交能力的呢?

答案是，他们拥有更大、更好的大脑。

人类进化的标志是，自接近冰川期的开端以来，原始人的大脑体积急剧扩大，变成了之前的大约3倍。古人类学家相信，在地球历史中这段非同寻常的变化时期和这种有着非同寻常的大脑袋、会制造工具、能够调整和创建自己的栖息地的动物的进化之间，存在着因果关系（见图2-9）。

就这样，人类诞生于由很久之前的一次地质事故引发的罕见冰川期，并且经历过一场任何哺乳动物都曾遭遇的最不稳定、最不可预测的气候循环——一系列幸运的地质事件的锤炼。今天，感谢我们那些生活在冰川期艰苦卓绝环境下的狩猎采集者祖先，我们现在不仅能够运用大脑去从事狩猎和采集，还能进行许多娱乐活动，比如园艺、绘画、写书，甚至是充当“人肉沙袋”。

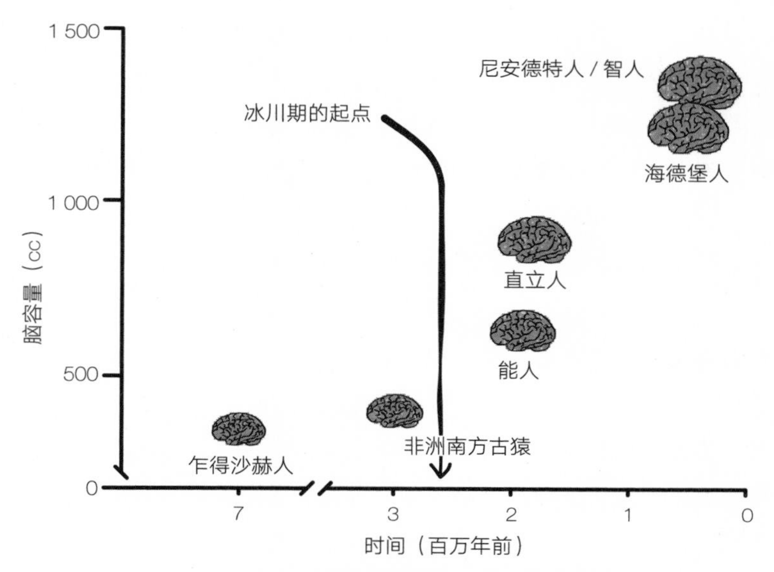

图 2-9　人类的大脑容量在冰川期急剧增大

注：在经历了长期的相对停滞之后，人类的大脑容量在过去的 300 万年内变成了原来的 3 倍多。

资料来源：Kate Baldwin 根据 Bolhuis 等人 2014 年的数据绘制。

A SERIES OF FORTUNATE EVENTS

第二部分

生命内部世界的偶然事件

迄今为止，我们已经玩过一些“如果……则会……”的假想游戏。如果宇宙没有向地球扔来那枚速度飞快的球，如果 K-Pg 小行星错过了尤卡坦半岛，情势将会如何发展呢？如果当初印度次大陆朝亚洲移动得慢一点，后果又会怎样呢？如果冰川期的气候没有那般大起大落呢？

在无生命的物质世界里，所有这些假设问题的答案就是：生命的进程肯定会迥然不同，人类肯定不会存在。因此，无论怎样看，结论都是：我们出现在这个地球上纯属偶然。下面，我将剖析偶然在生物体内的作用，使这一结论更加坚实。不过，在这之前，我先来解释一下我所说的偶然究竟是什么意思。

我之前一直故意对偶然的定义含糊其词。在解释一些特定结果发生的原因时，科学家和历史学家发现了两个相关而又截然不同的概念：偶然和意外。这两个词在两个学科中都没有严格的定义，它们在日常交流中的含义也各不相同。然而，梳理清楚偶然和意外的含义既有必要又很重要，所以有必要说一下我对这两个词的定义。

偶然，我指的是一种罕见、不可预测或者是随机的事件，又或者说是一种需要很多变量或影响因素才能发生的事件，甚至你完全可以认为该事件的发生具有随机性。我们迄今为止见过的事件，包括小行星撞击，地球构造板块的形成、移动和碰撞，以及地球气候的快速变化，都是这种偶然事件。

而对于意外一词，稍有历史感的解释就是，一种对于特定结果的产生所必需的过去发生的事件或过程。如果结果依赖或取决于一系列事件或过程，导致如果其中每一个事件没有发生，结果就不会发生，那么其中涉及的每一个事件或过程就是一种情理之中的意外。

因此，这里的偶然与事件本身有关，意外则是通过事后的领悟才显现出来的。二者的相关性在于，偶然事件可以通过它产生的影响变成一次历史性的意外。情理之中的意外是意料之外的偶然结果。比如，我们偶然遇到了自己的配偶，但这件事是导致我们孩子的存在成为情理之中的意外。类似地，小行星撞击尤卡坦半岛是一个意料之外的偶然，但它同样也是一种导致哺乳动物、灵长目动物以及我们人类崛起的情理之中的意外。

这种区别是有用的，因为如果说世界或我们的生命是由于一系列偶然事件而成为现在的样子，未免显得非常狭隘，也不是很有启发性。我在这里关注的重点在于偶然，而且特指那些变成意外的特定偶然事件。通过理解它们的起源与重要性，才能更好地解释偶然的含义。

几个世纪以来，对于生命的主流看法是，一切与偶然和意外完全没有关系，生命呈现的所有的复杂性及异彩纷呈都是出自上帝完美的设计，并且从未改变。事实上，过去几乎所有的严肃科学家都曾坚信这一观念。在下面的三章中，我们将探究每种生物内部运作着的偶然机制。在生物是否能够以及如何适应外部现实世界生存环境这一方面，生物体内部的这种随机过程提供了决定性因素。因此，生物世界正是两个完全独立且由偶然驱动的过程共同作用的结果，这两个过程是外部无生命的过程和内部有生命的过程。正是这种交汇，才产生出地球上所有的生命形式。

A SERIES OF FORTUNATE EVENTS

第 3 章

自然选择的青睐

全能至荣耀的天主。风起浪涌，都是奉主的命。使海安定，也是由主。我们是主所创造的，虽是困苦的罪人，遇见这苦厄，也要呼唤主。望主保护，求主救援，不然我们必要沉沦。我们平安的时候，诸事稳妥，忘了我们的天主，不肯听从《圣经》微小的声音，不愿顺从主的诫命。这一切过错，我们承认。现在我们看见主行这事，威严广大，实在是万物之上至圣的天主……[1]

《圣公会公祷书》

这看起来可能像是一段直接取自巨蟒剧团的滑稽短剧的诗句，但它其实出自经典的《圣公会公祷书》“泛海祷文”一节。英国海军的舰长和船员绝对有充分的理由去背诵这篇祷文，事实证明，他们也的确有很多机会用到它，因为 1700 年至 1850 年，由于没有天气预报，以及深入很多未知水域，英国皇家海军共损失了近 1 000 艘船。[2]

船舶失事是一种风险，士兵哗变则是另一种。在漫长的航行中保持士气和纪律是非常困难的，风暴、繁重的劳动、生活空间逼仄、物资匮乏、酗酒、思乡，这些因素很可能激起水手的反叛。当然，最著名的兵变是 1789 年发生在英国皇家海军“邦蒂”号上的那次。在塔希提岛上享受了 5 个月悠闲与放荡的生活后，一些水手拒绝离岛，并从威廉·布莱（William Bligh）船长手中夺取了该舰的控制权，将他和另外 18 名船员赶到一艘敞篷小艇上，任其在海上漂流。布莱船长带领这些船员在恶劣的天气中航行了 6 400 多千米，每天只能定量地食用约 30 克面包和 150 毫升水，最终安全上岸，这堪称领导才能、航海经验和耐力的伟大壮举之一。然而，布莱在他后来的航海生涯里又经历了两次叛乱，也许并不是巧合。

如果风暴和叛乱都没有让船长倒下的话，那还有精神错乱这个幽灵在等着他。正是船长对精神崩溃的恐惧，才促成了年轻的查尔斯·达尔文乘坐“小猎犬”号航行。

普林格尔·斯托克斯（Pringle Stokes）是这艘船的首任船长，在“小猎犬”号前往南美洲的处女航（1826—1828 年）中，他逐渐变得非常消沉。当船停泊在遥远的智利南部海岸一个名叫“饥荒港”的港口时，斯托克斯在日记里写道：

> 没有什么能比这周遭更令人绝望了。[3] 荒凉贫瘠的峭壁将这海湾包裹着……厚重的铅云低垂在山顶，狂风怒号，在山间肆虐……连鸟儿也不愿意出来了，似乎为了完成这凄凉的布景。这鬼天气……“灵魂已死，只剩躯壳”。

一个月后，斯托克斯开枪自杀。该船的指挥权转交给了另一艘船的罗伯特·菲茨罗伊（Robert FitzRoy）上尉，正是他将“小猎犬”号带回了英国。

3 年后的 1831 年，“小猎犬”号的第二次航行由菲茨罗伊掌舵。菲茨罗伊为了避免斯托克斯的悲剧重演，同时考虑到自己家族中也曾出现过抑郁症自杀的先例，他想办法排解航行时必然会经历的孤独寂寞。他告诉英国皇家海军部，希望寻找一位受过良好教育的绅士陪他一起完成这次为期两年的航行，这个人要有一定的科学素养，并且可以与他共同进餐以及交谈。达尔文并不是第一个得到推荐的人，在他之前已有两个人拒绝了这一任务。时年 22 岁并且“充满热情和进取心”[4] 的达尔文在受到邀请后，推迟了原来研究神学的计划，欣然接受了这个环游世界的机会。

达尔文和船长相处得很好，这位年轻的博物学家也很感激菲茨罗伊的航海技术。绕过合恩角后，“小猎犬”号受到了猛烈的风暴袭击，几乎被三个巨浪打翻，幸亏有菲茨罗伊的航海技术和指挥能力，他们才幸免于难。达尔文在他的日记中写道：“只有经历过飓风的人才知道飓风带来的痛苦。上帝保佑‘小猎犬’号远离这一切。”[5]

但是经过差不多 3 年的航行后，菲茨罗伊还是崩溃了。1834 年 10 月下旬，当“小猎犬”号停靠在智利的海岸边，达尔文在内陆养病的时候，菲茨罗伊辞去船长之职，将指挥权交给了另一位上尉。英国皇家海军部驳回了菲茨罗伊增补新的测量船以及船员的请求，并予以申斥，这让菲茨罗伊非常愤怒。达尔文在给妹妹凯瑟琳的家信中解释了菲茨罗伊的状况：

> 我们在“小猎犬”号上经历了一些奇怪的事件……菲茨罗伊船长在过去的两个月里极其辛苦地工作……英国皇家海军部冷酷的态度……以及许多其他的事……使他日渐消瘦、很不舒服。那种果断与坚忍消失了，代之以深重的忧郁。船长担心自己正变得精神错乱。[6]

对于这种事态发展，英国皇家海军部提前就有应对举措，他们给菲茨罗伊下达的指令很明确：

> 如果您发生任何不幸，那么随后接管的船长，只要他在位，就必须完成该船尚未完成的勘测工作，不得开展新的作业，比如，如果该船正在南美洲西侧进行海岸线勘测，则它不能驶往太平洋，而应途经里约热内卢，经大西洋返回英格兰。[7]

“小猎犬”号当时恰好行至南美洲的西侧，剩余的环球航行本该就此中止。然而，达尔文无法接受这时就放弃探险。他制订了一项计划，打算自己完成对智利的探索，然后冒险从陆路前往秘鲁，越过山脉进入阿根廷，最后找到另一艘船返回英国。无论在哪种情况下，他和“小猎犬”号都到不了科隆群岛、塔希提岛、澳大利亚或是南非。

幸好，菲茨罗伊重新振作了起来，拿回了“小猎犬”号的指挥权。因此，达尔文还是到了上述所有地方。他的见闻不仅改变了他对生物进化的看法，也改变了我们的看法。

于是，正是达尔文以及一群野生和驯养的动物，将我们从一个由上帝创造并严密管理着的世界，带入一个完全按自然法则运作的世界。达尔文也是第一个用偶然取代了上帝的人。

物种起源

达尔文时代的核心谜团是物种的起源。当时，绝大多数科学家和一般信众通常都认为，所有物种都是由上帝创造的，它们的形态与所处地域从未改变，完美地适应各自的环境。当达尔文登上“小猎犬”号时，他也是“特创论”的拥趸，而且在航行的大部分时间里，他对任何其他观点都一无所知，但几次遭遇在他的头脑中埋下了终将萌芽的种子。

菲茨罗伊康复后，“小猎犬”号载着达尔文在 1835 年 9 月抵达科隆群岛。达尔文是一个了不起的收藏家，他在几个岛上不断地勘查搜集，大概收集了超过 5 400 种植物、动物和化石标本。[8]

他对生物间的细微差异有了很好的认识。比如，他注意到不同岛上的嘲鸫在斑纹上有细微差别，还发现不同岛上的巨型陆龟有着不同形状的龟壳（见图 3-1 上图）。

（上）

（下）

图 3-1　科隆群岛上的鸟和鸭嘴兽

注：上图，达尔文在 4 个不同的岛上发现了三种非常相似却是不同品种的嘲鸫。下图，鸭嘴兽，地球上仅存的两种卵生哺乳动物之一。

资料来源：上图：Darwin (1838–1841)；2002 年经 John van Wyhe 许可复制。
下图：Lydekker(1904).

对于这些，达尔文没有匆忙地下结论。在科隆群岛的黑色岩石上被阳光炙烤了五周后，他和“小猎犬”号向西进发。“小猎犬”号在悉尼停泊期间，达尔文不仅感受到如同家乡般的舒适，他也有机会漫游内陆。黄昏时分，当他沿着蓝山的一连串池塘散步时，幸运地发现了几只鸭嘴兽。[9] 这是一种半水生动物，有着海狸般的皮毛，喙却像鸭嘴，是仅存的两种能够产卵的哺乳动物之一①。当它的标本第一次运到欧洲时，困惑不解的人们甚至认为它是拼造出来的。至少，鸭嘴兽证明了它的创造者具有十足的幽默感（见图 3-1 下图）。

澳大利亚的动物跟其他地方动物的不同和相似，让达尔文惊讶不已。他看到了有袋目食肉动物，它们被博物学家戏称为“老虎”和“鬣狗”仅仅是因为它们跟亚洲和非洲的这些同名动物表面上看起来有点相似。他观察到一种“狮蚁”用锥形的沙坑捕捉昆虫，就像他在欧洲看到的一样。达尔文将这种相似性解释为它们是同一创造者的作品。

继续向西航行来到南非，达尔文借机拜访了开普敦的著名天文学家约翰·赫舍尔爵士（Sir John Herschel）。达尔文早先曾津津有味地品读过赫舍尔的著作《自然哲学研究初探》（*A Preliminary Discourse on the Study of Natural Philosophy*），非常渴望见到作者本人。赫舍尔是那个时代公认的最杰出的一位科学家，他对地质学、化石和植物学也很感兴趣。他在自己的土地上亲自培育了 200 多种植物，并注意到，那些南非植物似乎彼此之间是渐进的关系，一些物种好像充当了其中的过渡品种。达尔文并不知道，在他们会面前的几个月里，赫舍尔一直在思考并

① 另外一种卵生哺乳动物是针鼹，又称刺食蚁兽。——编者注

讨论他所称的“谜中之谜”[10]：新物种取代了已灭绝的物种。

达尔文在他的日记里记录了这次会面，认为“这是很长一段时间以来最令人难忘的事。”[11] 对于一位环球航行进行到第五年的人来说，这确实很有道理。不管这位年轻的博物学家跟天文学家说了些什么，前者很快就换了一个角度去审视他的标本了。在归国途中，达尔文在整理有关科隆群岛上鸟类的笔记时，再次审视不同岛屿上的嘲鸫和陆龟的细微差别，并注意到它们基本上有着相同的习性。这些现象该如何解释呢？根据特创论，上帝为每一个岛屿创造的物种都是不同的。但达尔文想到了另一种可能性：也许这些动物都是一个物种的变种。于是，他这样写道：

> 只要这些想法有一丝一毫的根据，那么对于群岛的动物学来说，它们就很值得研究，因为这些事实会动摇物种的稳定性。[12]

物种可能会改变。这是达尔文第一次灵光闪现，也是他的思想开始转向进化论的一小步，是充满试探性的一步。达尔文并不是任何一个领域的专家，也并不了解他的大多数标本。他并不确定科隆群岛上的那些动物究竟属于不同的物种，还是同一物种的变种。他希望国内的专家来整理并帮助分析这些标本。

他们确实帮上了忙。达尔文回国后的那个冬天，权威专家仔细研究了他的标本，以及其他船员收集的一些标本。比如，他在南美洲收集的化石被认定为是一种巨大的、已经灭绝的哺乳动物，跟现存的犰狳、美洲驼、啮齿动物以及树懒有着密切的解剖学关系。

而让达尔文震惊的是，经专家鉴定，他从科隆群岛带回的26只陆栖海鸟中的25只不仅是完全不同的物种，而且是那些岛屿特有的。[13] 他后来评论道：“我从来没有想过那些仅仅相隔八九十千米的岛屿，大多数目视可及，它们的岩石构成相同，气候也相似居然能有不同的物种。”[14]

物种确实可能发生变化，达尔文被这个念头吸引住了。

他把自己的一系列想法都写进了几本私人笔记，风格颇像意识流。他最先想到的是物种的谱系。他重新审视了澳大利亚的哺乳动物与其他地方同类的巨大差异，推断这些差异可能是由于各自所处大陆长期分隔而造成的。根据他在南美洲挖出的巨大化石来看，这些已经灭绝的动物似乎是现存哺乳动物的放大版本，这说明现存的物种是旧时灭绝物种的后裔。他开始想象生命组织形式就像一棵不规则分叉的树，一些枝杈枯死了，另一些则重新长了出来。他怀疑他所看到的任何同一区域动物间的相似性是由于它们来自同一分支。在某个笔记本第36页，他写下“我认为”几个字，还随手画了一张小图（见图3-2）。

这是一张很简单甚至说有点粗糙的草图，但它却为我们展示了生命的全新图景，这是一种物种谱系的概念，其中一个物种产生新的、稍有不同的物种，新物种再次产生一些大的物种，然后是更大的物种，以此类推。达尔文于是大胆推测，新物种是由现有物种孕育而来，自然得就像孩子是由他们的父母孕育出来一样。对于达尔文而言，这一发现标志着特创论的终结。

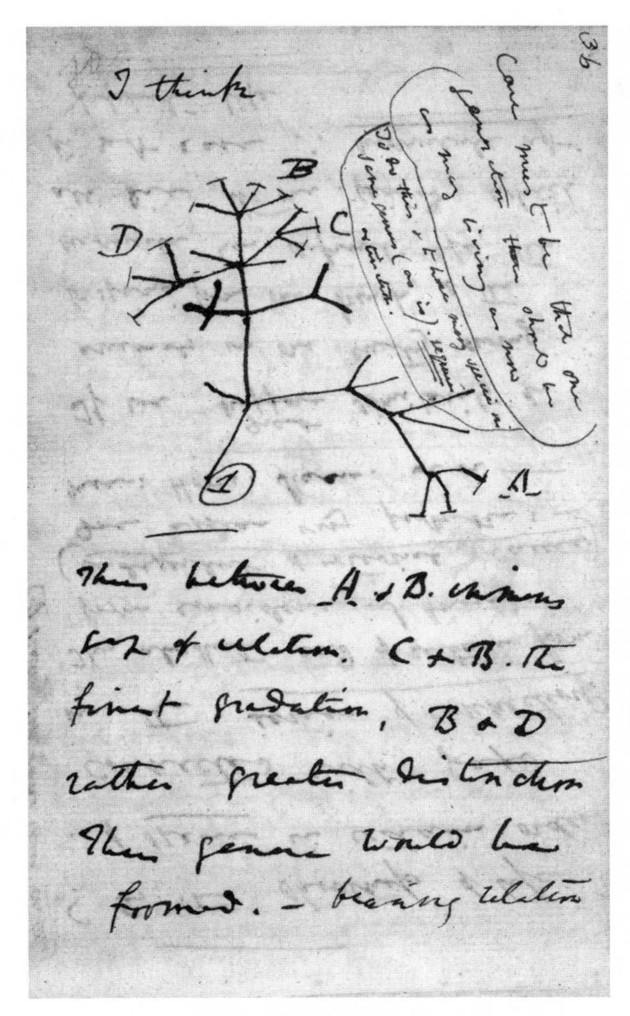

图 3-2　达尔文的新自然观

注：达尔文绘制的第一张生命之树草图，说明新物种是先前物种的后代。

资料来源：该图出自达尔文的笔记 B。经 Syndics of Cambridge University Library. DAR.121 许可复制。

接下来他转而思考新的物种是如何形成的。1838 年秋，他偶然读到 40 年前由经济学家托马斯·马尔萨斯（Thomas Malthus）所写的《人口原理》（*Essay on the Principle of Population*）一书。马尔萨斯着重强调了人口的过度增长会导致食物供给的不足，最终导致贫穷、饥荒和死亡。达尔文非常清楚，在自然界也同样存在这种影响，很多动植物繁育了过多的后代，以至于无法全部存活。而且通过他收集的标本，他也清楚地知道个体之间的差异。于是灵感再次闪现。“我立刻想到在这些条件下，有利的变异往往会保留下来，而不利的变异则将被毁灭。这样的结果，就会形成一个新物种。”[15] 他后来回忆道。达尔文将这种变异的保留和毁灭称为“自然选择”。

在史诗般的航行结束 2 年后，29 岁的达尔文形成了用自然选择解释物种起源的理论。然而，这一理论在此后的 20 年里都不为人所知。

对于达尔文这么长时间都不发表相关论文的理由，每代学者都很难理解。[16] 至少，最初达尔文认为这一理论尚未成熟。他需要很多证据，更多的证据，来解答他自己的疑问，并打消科学机构和其他领域必定会有的疑虑。因此，正如他后来给他的一位朋友解释的那样：“我决心不假思索地收集各种各样的事实，只要它们与解释物种有关。”[17]

达尔文花了 15 年时间，收集了与其理论相关的各种事实材料和观察结果。与此同时，他也比同时代的任何博物学家更加高产，他写了一本关于航行历程的通俗游记，还写了 9 本书介绍他乘船到访之地的地质学和动物学，以及 4 本研究藤壶的书。此外，他还写了一本关于珊瑚礁形成的书，其中提出了一种全新理论，后来被证明是正确的。在此期间，他的夫人还为他生了 10 个孩子！

终于，到了 1855 年，他在写给表弟的信中说："我正在努力整理并比对我的笔记，打算在两三年内完成一本书，把我所能收集到的赞成或反对物种不变性的事实和论据都囊括进来。"[18] 他又补充道，"到目前为止，关于我自己，最重要的事实是，我终于对藤壶研究得非常透彻了。"

最终，他准备好了。

达尔文的鸽子

好吧，差不多准备好了。

达尔文明白，要想说服别人接受他的理论，很考验对方的想象力。如果他是对的，一个古代的物种，比如鸣雀，随着时间的推移，可以繁衍出无数品种。但是要形成这样的多样性，其经历的时间是未知的，也许需要极漫长的时间，而且其中的演化步骤并不明显。那么多不同形态的品种，由同一个祖先进化而来，他该如何解释这种说法在表象上的合理性？又该如何说明自然选择能够强大到足以塑造生命的多样性？

他的答案是：鸽子！

当时，英国各地的人都喜欢上了养鸽子。由于鸽子饲养成本低，繁殖容易，所以这种爱好适合所有人，不受阶层和收入限制。根据羽毛的颜色、数量、纹路的不同，以及骨骼和鸟喙的不同大小和形状，人们将喂养的鸽子分为很多品种，比如凸胸鸽、鸾鸽、袖珍鸽、信鸽、扇尾鸽、翻头鸽等。它们的形态极其不同，养鸽子的人都认为不同品种的鸽子应该分别是不同野生物种的后代。然而，达尔文却怀疑它们都是一个物种岩鸽（Columbia livia）的后代（见图 3-3）。

图 3-3 岩鸽和其他品种的鸽子

注：达尔文《动物和植物在家养下的变异》（*Variation in Animals and Plants under Domestication*）一书中不同品种鸽子的插图。岩鸽在左上角。

资料来源：Paul D. Stewart /SCIENCE SOURCE.

达尔文因此将有着惊人多样性的鸽子视为科隆群岛上的鸣雀的完美替代品，将喂养鸽子的人的不同行为类比为不同形态的自然选择方式。

前往达尔文位于唐恩村那所优雅宅邸的来访者，都一厢情愿地以为自己会看到这位伟大的博物学家会在书房里仔细阅读笔记和书籍，全神贯注地思考学术问题。然而，从 1855 年 5 月起，来访者更可能看到的是，达尔文正在自家花园后部的鸟舍中欣赏着他的鸽子，或是正在蒸煮它们的尸体，测量它们的骨架。

从前总是习惯独居的达尔文，开始去观看鸽子展览，甚至加入了两家鸽子育种俱乐部。就像他和其他博物学家相处的 15 年一样，他从新认识的人那里尽可能地获取所有他们能够提供的关于他们所喜爱品种的一切情况。他自己喂养的鸽子最多时差不多有 90 只，他对鸽子的喜爱也与日俱增。[19] 他邀请著名的地质学家查尔斯·莱尔（Charles Lyell）来家中做客："我邀请您看看我的鸽子！在我看来，这是人类能够得到的最好的款待。"[20]

令达尔文印象深刻的是，育种者在挑选哪些鸽子进行交配配种时，他们对细微特征有着惊人的观察力，他们从不放过一般人看不到的那些微小的细节。达尔文了解到，每个品种的特征，如喙长、尾羽的数量等，都具有极大的可变性。育种者并不寻求体形或外观上发生大的、突然的变化，他们寻求的是鸽子整体形态中更加微妙的变化，对一些外观特征的标准甚至严格到 1.6 毫米之内。[21]

在达尔文自己的育种实验中，他采用了育种者通常视为禁忌的技术：不同的鸽子品种进行杂交。经过杂交，他发现所有这些品种都是可育的。当他用白色扇尾鸽与黑色倒刺鸽杂交，再用得到的杂交品种再次配种，最终他得到了一些有斑纹的蓝色鸽子，和野生的岩鸽非常相似！

毫无疑问，这两个结果向达尔文证明，所有品种的家养鸽子的祖先都是同一个野生物种。[22]

他花费数年对鸽子的研究见了成效，有了更好的证据来应对自然学家的质疑。自理论诞生起，达尔文已经跟一些可信的同事分享了他的看法，并在没有泄露理论的情况下探询了许多其他自然学家的意见。尽管当时有关自然历史的知识在快速积累，但达尔文写道："我……从来没有遇到过哪怕一个看起来怀疑物种永恒性的人。"[23]

凭借他对鸽子的研究，达尔文写道："当那些自然学家……在嘲笑关于处于自然状态的物种是其他物种的直系后代的想法时，难道他们不该谨慎一些吗？"[24]

1858 年，这些博物学家中间出现了一个例外的人，阿尔弗雷德·拉塞尔·华莱士（Alfred Russel Wallace）。他给达尔文寄来一篇简短的手稿，内容几乎与达尔文的物种起源理论完全相同。华莱士花了 4 年时间探访了亚马孙地区，回程途中，船遭遇了火灾并且沉没了，但他幸运地活了下来，后来又游遍了整个马来群岛。跟达尔文一样，华莱士观察到的事实也有着非常相似的模式：相邻岛屿上的物种差别微小。同一物种的不同个体差异巨大。生物繁殖的后代远远超过了可能存活下来的数量。而且，他也读过马尔萨斯的著作。

1858 年，在一份几乎没有人注意的专业杂志上，华莱士的论文和达尔文论文的一小段节选一同发表了。直到第二年，达尔文才完成并出版了他的著作，书的全名是《论依据自然选择即在生存斗争中保存优良族的物种起源》(*On the Origin of Species by Means of Natural Selection, or the Preservation of Favoured Races in the Struggle for Life*)。他立刻得到了全世界的关注。

在这有史以来最重要的一本书的第一章里，达尔文用了不少于10页的篇幅写了关于鸽子的事儿。但整本书中没有一页提到鸣雀！

自然选择的力量

《物种起源》并不是达尔文事业或理论的顶峰，这只是他新旅程的起点。他的理论和证据公之于众后，受到了来自科学界和社会大众认真彻底的审查。博物学家将注意力集中在那些他们认为不具说服力或不可接受的问题上。达尔文关于物种的自然起源（而非上帝创造）的解释，在科学期刊和大众媒体上引发了众多评论，其中大多数都是充满敌意的。

一些科学家，比如阿萨·格雷（Asa Gray）、哈佛大学著名植物学家和虔诚的长老会教徒，试图用他们的有神论观点来调和并解释达尔文与华莱士的新理论。格雷是达尔文理论强有力的支持者，并且安排筹备了《物种起源》在美国的首次出版事宜，他与达尔文有过长久的、浩繁的、非常热烈的信件往来。

“我并没有特意去写成像无神论那样的东西，”[25]达尔文曾向格雷吐露，“但我承认，我不能像其他人那样清楚地看到，虽然我也希望看到，上帝进行设计和给予恩典的证据都在我们这边。在我看来，世界上有太多的苦难。我不能说服自己，仁慈全能的上帝竟然故意创造出在毛毛虫的活体内觅食的寄生蜂，或者让猫戏耍老鼠。”

达尔文将自然选择视作“至高无上的权力”，并一直在寻找更多的证据来证明它的存在。[26]格雷慷慨地帮助达尔文去研究兰花。《物种起源》完成后，达尔文全身心地投入对植物的全面研究中，就像他之前对藤壶和鸽子那样。按照他一贯的做法，他向世界各地的植物学家索求信息和标本。同样，凭着他惯常的天赋，他有了更细致入微的发现，从而支持了自己的论点。

达尔文被美丽的植物深深吸引，对植物通过花粉进行异花授粉特别感兴趣。在不同植物的不同物种里，他惊奇地发现了那些用来吸引昆虫进入花朵从而带走花粉的各种奇特的玩意儿，他称之为“精巧的装置”。

达尔文对于“为了达到相同的目的而不断变化的结构”的发现[27]，创造了一个机会，可以对他的批评者们进行他所谓的“旁敲侧击”。他用美丽又受欢迎的植物唤起读者的兴趣，并将他们从特创论引向自然进化论。达尔文问道：为什么万能的创造者为了完全相同的目的，不厌其烦地对不同植物的不同变异做出如此多不同的修改，而实际上，自然选择完全可以胜任这份工作？

就在达尔文即将完成他的新书《不列颠与外国兰花经由昆虫授粉的各种手段》（*On the Various Contrivances by which British and Foreign Orchids are Fertilised by Insects*）之前，他收到了一份产自马达加斯加的大彗星风兰（Angraecum sesquipedalia）的标本，它将授粉的技术提升到了一个全新的水平。他兴奋地给他的朋友英国植物学家约瑟夫·胡克（Joseph Hooker）写信说："我刚收到贝特曼先生寄来的一个盒子，里面装满了令人惊叹的马达加斯的加大彗星风兰，它的蜜管居然有30厘米长。[28] 天呢！什么样的昆虫才能吮吸到它的花蜜？"

达尔文发现，这种美丽而稀有的植物的花朵能分泌一种非常甜的花蜜，但是花蜜只存储在距它长长的蜜管尾部约4厘米处。[29] 这个一直延伸到花瓣下面的绿色的管状蜜腺，比他见过的任何其他兰花的蜜腺都要长。他用一根细长的工具探究这长长的蜜管，发现只有到达蜜管的底部时才能接触到花粉（见图3-4）。经过研究不同昆虫被花朵吸引来传播花粉的方式，达尔文推测在取食过程中，有些飞蛾只有当其口器接触到远处的花蜜时才会采上花粉。"能吸食它的花蜜的飞蛾，得有多长的口器啊！"[30] 达尔文告诉胡克。没人知道这样的花蜜的蛾子，但达尔文在他的书中大胆预测，"在马达加斯加，一定有这样的蛾子，长着这样的口器，可以伸长到25～28厘米。"[31]

在达尔文看来，大彗星风兰的这种极端的特性，是自然选择积累能力的一个令人震惊的典型案例，它表明自然选择可以在任何方向上改变生物的特征，比如改变长度。就像驯养人能够通过人为的选择创造出极致的形态——花哨的鸽子、灰狗、长角牛等，达尔文相信自然选择也有这样的能力产生极端的生物——褶边啄木鸟、长颈鹿、带有30厘米长蜜管的兰花。那么，为什么就没有长着近乎不合理的口器的飞蛾呢？

对于这种兰花和假想中的飞蛾，达尔文提出了一种类似军备竞赛的理论来解释它们的极端特征：在自然选择的过程中，为了采到兰花的花蜜，飞蛾倾向于长出更长的口器，而为了让飞蛾将它的口器完全伸进它的蜜管并得以接触到花粉，兰花倾向于长出更长的蜜管。[32]

达尔文对自然选择的信心得到了证实。在他提出这一预测的 41 年后，也是他去世后的第 21 年，人们在马达加斯加发现了一种具有 28 厘米口器的飞蛾，非洲长喙天蛾（Xanthopan morganii praedicta，见图 3-4）。[33]

图 3-4　大彗星风兰和非洲长喙天蛾

注：左边的，大彗星风兰有着不同寻常的长长的蜜管，其中存放着花粉。右边的，非洲长喙天蛾，早在它被发现的几十年前达尔文就预测了它的存在，它长着非比寻常的长长的口器，可以借此采集花蜜、专播花粉。

资料来源：Robert Clark.

事实证明，达尔文关于军备竞赛造成更长的口器和蜜管的设想完全正确。一个多世纪后，在南非针对鹰蛾和鸢尾属植物野生种群开展的仔细研究表明，口器的长度和蜜管的长度有相当多的变化，其中长着较长蜜管的植物能够更为成功地通过长着较长口器的飞蛾传播花粉，因而更受自然选择的青睐。[34]

在花蜜采食者中，有着长长口器的不止飞蛾。刀嘴蜂鸟的喙有 10 厘米长，巨鼻苍蝇的口器也有 5.7 厘米长[35]，厄瓜多尔云林中的花蜜长舌蝠有 8.5 厘米长的口器[36]——是它身长的 1.5 倍。

天呢！这些动物真的能吮吸到。

但也许达尔文和我们更想问的是：如果自然选择能制造出如此夸张的长喙、长鼻子、长脖子和长口器，那么大脑袋的类人猿能算是更伟大的成就吗？

变异的偶然

然而，对于自然选择的怀疑，只是这场战争的一半内容。达尔文断言，自然选择以物种个体间存在的变异为基础，而变异的来源则成为敌人与盟友之间大量评论和争论的焦点。达尔文坦言，无论是他自己还是其他任何人，对于变异发生的直接原因或其遗传规律，都一无所知。[37] 但是在《物种起源》这本书中的很多地方，达尔文都暗示了变异的偶然性或偶发的本质。[38]

达尔文清楚地认识到变异的出现存在概率因素。他指出，为什么家畜养殖者总是要保证畜群的规模“是由于对人类有用或讨人喜欢的变异只是偶尔出现，它们出现的概率会因大量的个体被保留而大大增加。”[39] 他推断自然界也是如此：“在任何给定的时间内，相对于那些存在更少个体的稀有种群而言，存在大量个体的种群总是会有更大的概率出现更有利于自然选择的变异。”[40]

在几个案例中，他明确地将变异描述为“意外”：

> 我找不到任何理由去质疑这一观点：由于在体形大小和外观形状方面的意外偏差……使得个体能够更快速地获取食物，因而有更大的概率活下来并繁殖后代。[41]
>
> 无论是动物还是植物，任何可以改变其结构这种程度的影响，都源自自然选择以任何有益的方式对无数微小的、我们必须称之为偶然的变异的积累。[42]

批评者抓住了偶然变异的暗指，即上帝或智慧在其中没有扮演任何角色。许多人拒绝接受达尔文的理论，理由还有很多。格雷同样也不支持偶然变异的说法，他还是相信是上帝在以某种方式引领着这一过程。达尔文不赞同设计好的或创造出的变异的说法，他认为他所描述的大量变异已经消除了神灵干预的必要。达尔文驳斥了格雷对鸽子和啄木鸟的推断：

> 阿萨·格雷和其他一些人将每一种变异，或至少是每一种有益的变异，视作是符合天意的设计。但当我问他是否认为，

凸胸鸽或扇尾鸽由岩鸽积累而来的每一种变异，是否也符合天意，即为了娱乐大众而设计出来的，他不知该如何作答。如果他或其他任何人，承认这些变异就目的而言是偶然的……那么他没有任何理由，可以把这完美地改造了啄木鸟的日积月累的变异，视作是上天的设计。”[43]

然而，要想了解变异的起因以及偶然在其中扮演的角色，比捉摸一只巨大的马达加斯加飞蛾更难。直到20世纪，才有人讲清楚了变异是什么，也仅仅在最近的几年里，我们才将明白了偶然是哪些事件的幕后推手。

A SERIES
OF
FORTUNATE
EVENTS

第 4 章

偶然，随机发生的意外

尽管媒体持续不断有负面的 covfefe[1]。

唐纳德·特朗普

2017 年 5 月 31 日所发表的推文

① 特朗普任美国总统时，在发布的一条推文中将 coverage（报道）错拼成 covfefe。——编者注

我 8 岁的时候，学会了看报纸上刊登的棒球比赛球员数据记录表。每天早晨，我总是冲出门从门前的台阶上捡起“时报”。不，不是《纽约时报》，在我的世界里，那是《托莱多时报》(*The Toledo Times*), 我急着去看每位球员在每场比赛中的表现。平均击球率的数据只在周日的报纸上才有，所以为了掌握一切，我像大多数普通孩子一样，在一周的每一天里为我喜欢的球员计算着他的统计数据。

1974 年 7 月 14 日，我快速略过所有关于“水门事件”的报道，直接翻到我认为最重要的部分，却失望地发现大多数球队在周四都没有比赛。还好，我的失望没有持续多久。

底特律老虎队是一支在托莱多附近有着众多球迷的大联盟球队，他们跟辛辛那提红人队打了一场慈善表演赛。这场比赛并不计入联盟积分榜和统计数据，但我还是剪下了这场比赛的简短报道，并将它保存了近半个世纪。来看看你有没有注意到什么 (见图 4-1)。

这里有三个错误，其中一个将 o 打成了 i 的拼写错误吸引了我的目光。那时的我认为这很好笑，现在我还是这样认为。

Tigers Edge Reds In Exhibition

DETROIT (AP) — Detroit got three runs on a pair of early homers and added a big seventh ining to defeat Cincinnati of the National League 5-3 in their inter-divisional Sandloot Benefit exhibition baseball game Thursday night.

Detroit opened up the scoring in the first inning when Mickey Stanley walloped a bases empty shit, and added a pair in the second on a two run blast by Jim Northrup off starter Tom Hall.

图 4-1　1974 年 7 月 14 日的《托莱多时报》

至少我假定这是一个错误。我怀疑这位不署名的体育记者心里想："反正没人会看这个的，我快点写吧。"尽管从那以后我又查阅了俄亥俄州其他几家转载了同一故事的报纸，发现在它们的版本中，米基·斯坦利（Mickey Stanley）确实打了空垒。

不管怎样，我怀疑并没有人会因此被炒鱿鱼。

一个字母或单词能造成这么大的差异啊！

在生命的字母表中，情况也是这样。尽管基因文本中的许多“错别字”并没有改变它的意思，或者只是形成了一些无害的胡言乱语，另外的一些改变却在生物的外观、机体运行或行为特征方面造成了重大的影响。有些变得更好，有些变得更糟。

举个例子，这是在基因文本中一个极小部分的一个打字错误，近年来历史因之而改变：

原文是这样的：

KKKYMMKHL[1]

一个打印错误将其变成了：

KKKYRMKHL

这样一个从 M 到 R 的错误，已经导致了超过 3 500 万人死亡。

如此之小的一个改变何以这般致命？容我稍后再揭晓答案。

问题的关键在于改变的原因。50 年前，雅克·莫诺辩称所有基因文本的改变，即基因突变，都是偶然的，即它们是随机发生的意外，无论其可能产生怎样的后果。他的所有哲学结论都取决于这一断言的真实性。

我之所以称之为断言，是因为当时还没有太多关于 DNA 突变的直接知识，这也使得莫诺的论断显得尤为大胆。1970 年，科学家还不能获得生物的基因文本，无法确定 DNA 的序列。你肯定听说了，现在情况已经发生了巨大的变化，今天每个人、所有生物的 DNA 都已没有秘密，即使是死去的人或灭绝的生物也不例外。

我们凭借这来之不易的能力来验证莫诺的断言，在生命的图书馆中追踪打印错误，在错误发生时将其锁定。利用更加强大的科技，我们能够深入地观察生命的运行机制，最终，将偶然当场抓获。

十亿分之一

为了测试基因突变的随机性，我们首先应该清楚需要满足的条件。我们需要考虑三个层面：生物种群层面的随机性、DNA 层面的随机性和机制层面的随机性：

在种群中，如果出现以下情况，则可以说特定突变是随机出现的：

- 它的发生与其后果无关；
- 事先不能知晓或预测哪个或哪些个体会发生此突变。

在个体中，如果突变是随机的，它们将以随机分布的方式出现在 DNA 中。

在 DNA 中，一个随机突变将通过一个被偶然控制的机制而产生。

莫诺在第一个层面上有证据，但也仅在第一个层面上有。

在第一批功能强大的抗生素，如青霉素研制出来后不久，临床医生和研究者遇到了抗生素耐药菌的现象：一些用这种新的灵丹妙药治疗的病人出现了抗生素不再起效的感染。研究人员发现，分离出的耐药菌在代际传承中保持稳定，这表明由于某些遗传突变，耐药性被继承了。

由于这些抗生素是新的化学制品，细菌不太可能在之前接触过抗生素，因而耐药突变的起源一直是个谜。药物的存在是否以某种方式引导细菌产生了耐药突变？抑或，耐药突变是随机发生的，不管药物是否出现在它们周围，这些幸运的细菌都能茁壮成长？

人们一直很难确定哪种解释是正确的，直到年轻的细菌学家埃瑟·莱德伯格（Esther Lederberg）、乔舒亚·莱德伯格（Joshua Lederberg）夫妇组成的杰出团队提出了一项聪明而又简单明了的实验。[2] 莱德伯格夫妇意识到，如果他们能够设计出一种方法来检测从未接触过抗生素的细菌的耐药性，他们就能知道抗生素是否是形成耐药突变的必要条件。挑战在于，耐药突变是非常罕见的，可能在超过 10 亿个细菌中才会发生一例。先别说研究，他们如何才能在大海里捞到这根针呢？

通常，可以通过在固体介质，如琼脂[①]上注入营养液来培养细菌，从而了解细菌的特性。细菌形成菌落，散落在琼脂平板（母板）的表面。莱德伯格夫妇的关键发明是精准制作含有数百万个菌落的复制板的

---

① 由海藻制成的凝胶状物质。

方法，就是将母板压在一块经过消毒的平绒织物上，然后再将织物压在一块复制板的表面上。这种织物从母板上吸收了足够多的细菌，因此可以用于制作母板的多个复制品。

为了追踪抗生素耐药突变的源头，莱德伯格夫妇首先在没有抗生素的情况下，在母板上培育了最初的细菌，然后在含有抗生素的复制板上进行复制。他们发现一些有抗生素耐药性的菌落能在含有抗生素的复制板上生长。这些突变可能还是由抗生素导致的。然而，因为有了这种复制技术，莱德伯格夫妇可以证明母板上的原菌落存在耐药突变，即使这些细菌从未接触过抗生素（见图 4-2）。

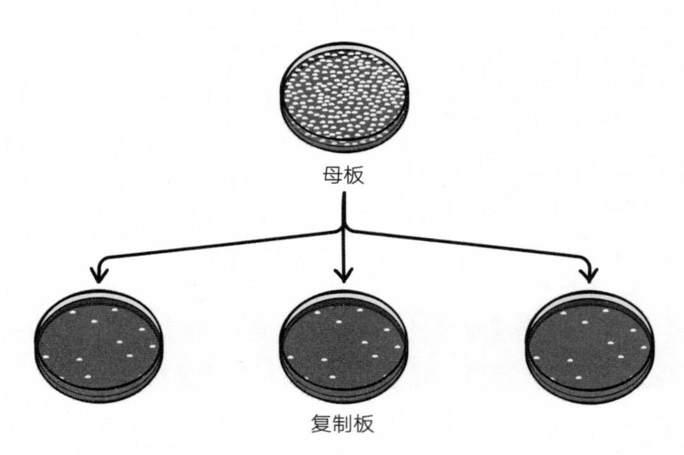

图 4-2　证明突变在族群中随机发生的经典实验

注：莱德伯格夫妇在没有抗生素的情况下，在母板上培养细菌，然后在含有抗生素的复制板上复制细菌群。在不同平板的相同位置生长的少数耐抗生素菌落表明，母板上的原始菌落在没有抗生素的情况下，随机产生了耐药性。

资料来源：Kate Baldwin.

莱德伯格夫妇运用相同的技术还展示了细菌的其他特征，比如细菌对病毒感染的抵抗力，同样是偶然发生而与之前是否接触过病毒无关，也不依赖任何特定环境。

莱德伯格夫妇的实验现已成为经典，几乎是人们能想到的、对技术要求最低的实验了。它们只需要一些培养皿、一些布料和一些营养液而已。用今天的货币换算，这些材料大概只值 50 美元。

但这故事的最大亮点是：这项研究完成于 1951 年，早于对 DNA 结构的解析，而且人们当时对于 DNA 在遗传中的作用仍有一些疑问。那时还没人知道物理现实中的基因突变到底是什么。

这一切即将改变。

DNA 结构的奥秘

这一突破是科学史上极为罕见的时刻之一，当时困扰科学界的几个基本问题的答案一下子都找到了。我将介绍几个关键的细节，因为它们很快就会在随机这个至关重要的问题上再次出现。

1951 年至 1953 年，弗朗西斯·克里克和詹姆斯·沃森一直在断断续续地探索着 DNA 结构的奥秘。经历了几次失败后，在 1953 年 2 月一个周六的上午，沃森在把玩着构成 DNA 的 4 种化学碱基：腺嘌呤（A）、鸟嘌呤（G）、胞嘧啶（C）和胸腺嘧啶（T）的纸板模型时，通过从罗萨琳德·富兰克林（Rosalind Franklin）的 DNA 晶体 X 射线照片中获得的一些至关重要的线索，他终于找到了DNA结构的关键。长久以来的绊脚石是，这些碱基是在何处以及如何嵌入整体结构的。沃森曾经尝试过“相似与相似”的配对方案，如A和A、G和G等，但最终得到的分子是如此丑陋和混乱不堪，根本不可能存在。

那天早上，沃森单独工作时尝试了一些新的不同的碱基配对方案：大碱基A和小碱基T，大碱基G和小碱基C。当这些特定的配对相邻放置时，沃森看到一个碱基上的化学基团能够和另一个碱基上的化学基团形成一种叫作氢键的键（见图4-3左图）。

太好了！沃森立刻意识到A-T和C-G碱基对之间的键可以将双螺旋的两条链连接在一起。而且，由于碱基对的尺寸和形状都是一样的，它们可以在长长的双螺旋结构内部整齐地码放上在彼此的上方，就像旋转楼梯的台阶一样（见图4-3右图）。

沃森和克里克很快认识到碱基配对规律（A和T、C和G）一下子解开了三大谜团。[3]第一，DNA在遗传中的作用就是忠实地将基因信息一代一代地传递下去。碱基配对规律表明，一条链上碱基的序列是另一条链上碱基的互补，因此决定了另一条链上碱基的序列。由此，根据这一规律，碱基的序列可以被忠实地一代一代复制下去。

第二，因为DNA是所有生物的遗传文本，而每一个物种又是不同的，所以DNA的分子必然存在着某种差异。沃森和克里克认识到，因为碱基对在长长的双螺旋结构中排列得如此整齐，无数的碱基序列（ACGTGATCGATTACA……）中的每一个都有可能发生突变。碱基的精确序列将携带每个物种特有的遗传信息，整个生物圈的文库以只有4个字母的文字写就。

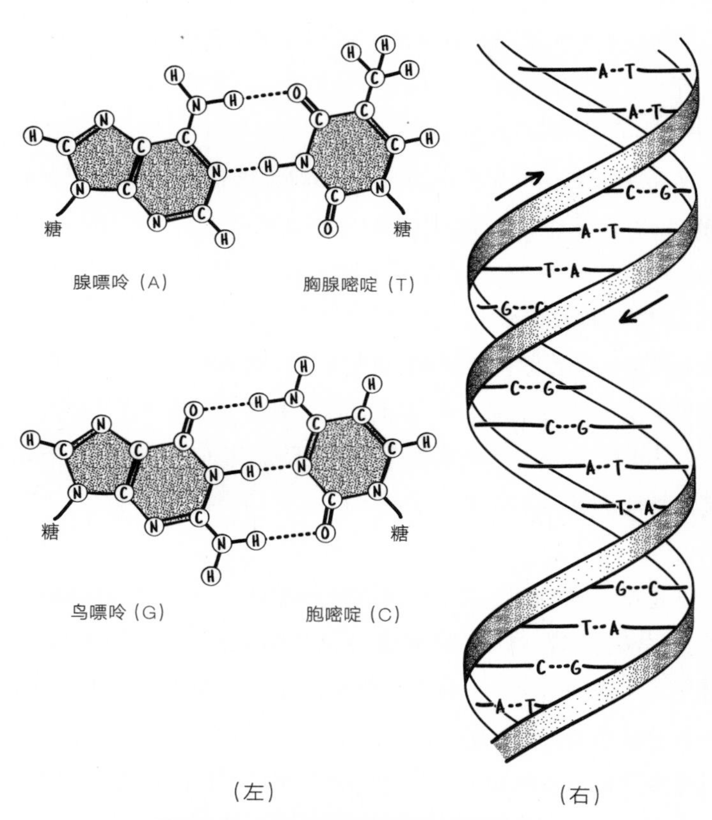

图 4-3　DNA 碱基配对规则与双螺旋

注：左图，碱基 A 和 T、C 和 G 形成形状类似的通过氢键连接在一起的配对。右图，DNA 的双螺旋模型，其中两条 DNA 链通过相对链上的碱基之间的氢键连接在一起。

资料来源：Kate Baldwin 根据 Watson 1980 年的资料绘制。

第三，遗传特征要发生变化，DNA 文本就必须发生变化。沃森和克里克提出，突变是碱基序列的改变而产生的。

激动人心啊！对于生命运作方式的三个深刻的见解，却来自科学家一度认为只是令人生厌的、无所作为的聚合物的化学组成。

沃森兴高采烈地去了一趟巴黎，将他的发现同莫诺分享，后者极为震惊。[4]

这向前的一大步引发了许多新问题。第一个问题就是，仅有 4 个字母的 DNA 字母表如何确定生物的特征？随后的 10 年里，少数研究人员破解了遗传密码，他们获得成功的关键在于，确定了 DNA 中的碱基序列如何编码指令，从而制造了在每个生物中完成所有工作并决定大多数遗传特征的蛋白质分子。这些内容将在下一章中详细介绍。

正是基于这种新的生物化学知识和实验，比如莱德伯格夫妇的实验，莫诺断言，生物圈的所有创新和改变都源于基因文本的随机变化，是偶然发生的。这是一个合理的推论，但完全基于间接的证据。

由双螺旋引发的第二个问题的核心是随机性的直接的物理证据：遗传文本是如何复制的？错误多久发生一次？还有一个终极问题：为什么会发生错误？生物学家极为准确地回答了这些问题，并说明了细节。

DNA 聚合酶，最快最准确的打字员

复制 DNA 文本的任务由一个叫作 DNA 聚合酶的酶家族负责，因为它们制造 DNA 的聚合物。这些分子机器是地球上最快、最准确的打字员。

我们来看看最简单的细菌，生活在人体消化道里的大肠杆菌，了解一下它的遗传文本是如何复制的吧！大肠杆菌有一个单一的环状染色体，大约有 460 万碱基对，包含 4 000 多个基因。[5] 这种细菌每 30 分钟就能通过繁殖使数量加倍，也就是说，在这半小时里 460 万碱基对必须复制完成，即每分钟大约复制 15 万碱基。令人吃惊的是，大肠杆菌从其 DNA 中的一个位置开始这一过程，并以每秒 1 000 个碱基的速度在顺时针和逆时针两个方向上工作。我们不妨从这个角度看，人类速度最快的打字员之一是一位名叫斯特拉·帕朱娜斯（Stella Pajunas）的女人，她在 1946 年用一台 IBM 电动打字机打字的速度是每分钟 216 个字，约 1 000 个字符。[6] 专业打字员平均的打字速度是她的 1/3，可以在 16 小时左右打完本书中的所有文字。而大肠杆菌的 DNA 聚合酶可以在五六分钟内完成类似规模的复制过程。

现在我们来谈谈准确率。专业打字员的准确率大约是 97%，也就是每打 100 个字符会有 3 个错误。对 DNA 聚合酶的详细研究表明，这种酶在复制 1 万～ 10 万个碱基时只会犯一个错误，准确率为 99.999%。[7]

这令人印象深刻的数字仅仅讲出了故事的一部分。这个准确率是用试管里分离的酶测量得到的。细菌细胞里的实际突变率远远低于这个数字，每代的 100 亿个碱基中才有一两个错误。这是因为这种复制机制同

样包含纠正错误插入的碱基这一校对功能；这一过程使得复制功能的准确率变为之前的 100 倍。而且有另外一个生化机器在新复制的 DNA 中检查错配的碱基，又将准确率提高了 1 000 倍。将这两个数字相乘，酶的 1/100 000 的错误中，只有 1/100 能够逃过校对，然后只有 1/1 000 能够躲过错配检查，因此在 100 000 × 100 × 1 000 = 100 亿个碱基中，只会发生一个错误。

你也许要说，这对细菌固然很好，但人类的突变率又是怎样的呢？鉴于现在我们能够快速且便宜地完成任何人完整的 DNA（他们的基因组）测序，我们对人类的突变率进行了非常准确的测量。通过对父母及其子女的 DNA 测序，我们可以找到孩子与父亲或母亲不同的碱基，从而计算出发生在这两代人之间的突变的准确数量。每个孩子在大约 60 亿个 DNA 碱基对中有 40 ～ 70 个新突变，即一亿分之一的突变率。[8] 这比细菌的突变率要高，但仍然是很低的。

我会在第 6 章中再讨论这些突变，但在你为自己，或你的孩子，或你未来的孩子感到恐慌前，先说一下重要的事情：大多数这些新发生的突变既不好也不坏，也不会有任何影响。这是因为，在我们的基因组中，基因之间有很多开放的空间，大多数突变发生在这些空间里。即使一个突变发生在某个基因上并干扰了它，我们的大多数基因都存在两个备份，其中未受影响的那个将带我们渡过难关。

每个孩子体内的 40 ～ 70 个新突变都是爸爸妈妈分别通过卵子和精子造成的，别让我解释卵子和精子是如何走到一起的！令人吃惊的是，生物学家已经将基因测序技术发展到了能够识别单个精子细胞里的突变的程度。斯蒂芬·奎克（Stephen Quake）是斯坦福大学的生物学家，他是这一领域的开拓者。他发现每个精子细胞有 25 ～ 36 个突变，差不多是孩子体内发现的突变总数的一半。[9]

有了如此强大的能够在个体的 DNA 中寻找突变的技术，现在我们问一个关于偶然性的基本问题：突变是随机地分布于整个基因组中的吗？这样的研究已经在各种各样的物种间完成，答案几乎可以说是肯定的。[10]

到现在为止，对于莫诺而言，一直都还不错。我们现在已经知道了错误的发生率以及它们是随机分布的。但还有一个问题悬而未决，为什么会发生错误？

答案是最近才出现的，是在当场俘获了偶然之后出现的。

突变，DNA 的特征

回到 1953 年，当沃森和克里克在研究 DNA 的结构时，当时由于他们对 4 种碱基的了解有限而一筹莫展。沃森从一本教材上复印了 DNA 的化学结构，但其中一些并不正确。这对我们所有人都是一个很好的教训！幸好，他的工作组中的一位科学家指出了他的错误，这才改变了历史。

人们发现，这些化学细节不仅对于解决 DNA 之谜非常重要，而且也是随机突变问题的关键所在。所以，坚持住，现在要介绍点化学知识。请随意浏览下面的内容。你不用上化学课就可以掌握它的要点，或者你可以深入研究一下，这样你就可以向你的朋友们炫耀了。

许多分子，包括DNA中的4个碱基，都以一种叫互变异构体的形式存在，可以从一种形式转移到另一种形式。这些形式之间的区别涉及氢原子（质子）在碱基的环状结构上的重新定位。这种转移会影响哪些基团可以与其他碱基形成氢键。鸟嘌呤和胸腺嘧啶碱基的一种形式叫作“酮基”，另一种形式叫作“烯醇”（见图4-4）。最早难倒沃森的是，他复印的是烯醇形式。他的同事指出酮基形式才是更为常见的形式，这一纠正将沃森引向了他的发现。

然而，在沃森最初的错误中，有一个重要的见解。他和克里克认识到烯醇形式可以形成氢键，却是在错误的碱基上，一个G和T或一个A和C。在最初的报告中，他们提出：“自发突变可能是由于氢原子改变位置时，碱基偶尔以互变异构体形式出现。”[11] 他们设想，如果像G这样的碱基在DNA被复制时正处于少见的形式，那么错误的互补碱基就可能插入双螺旋中，比如一个T插在了原本应是C的位置上。[12]

快进60年，这种转变正是生物化学家现在能够捕捉到的。现在，通过在原子水平上观察分子的先进技术，这个困难基本上可以解决。事实证明，这些事件极难被发现，因为转变为罕见形式的短暂时刻转瞬即逝，它们的持续时间不足1/1 000秒，随后分子又转变回通常的形式。但是生物化学家设法抓住了这一瞬间，实质上，还拍下了短暂的错误配对，以及在结合错误碱基的过程中捕捉到的DNA聚合酶的快照。[13] DNA碱基中短暂的形状变化占所有错配错误的99%以上。

这些发现表明，突变的根源、生物圈中所有多样性的来源，是不可避免的基本物理现象，化学状态之间的量子跃迁，属于原子级的偶然纤颤。

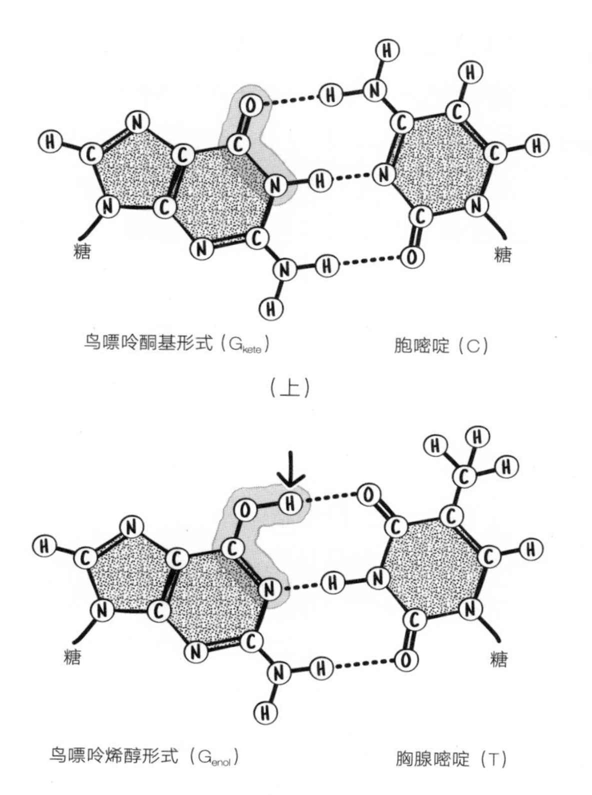

图 4-4　突变根源上短暂的形状变化

注：典型的 G-C 碱基配对的对比：包含鸟嘌呤（G）的酮基形式（上图）与可以形成 G-T 碱基配对并导致突变的更短的烯醇形式（下图）。这种差异是由于氢原子在较大的鸟嘌呤环上的位置发生了短暂的转移（箭头指向处）。

资料来源：Kate Baldwin 根据 Bax 等人 2017 年的资料绘制。

那么，突变就是 DNA 的一个特征，而不是一个缺陷。

在每一个有机体中，在每一个细胞中，每当DNA被复制时，由于赋予DNA特性的碱基的内在特征，改变就会发生。突变，改变，是不可避免、必然发生的。

现在让我们来看看，偶然能够创造出何种的美丽，何其的复杂，以及何等的麻烦。

A SERIES OF FORTUNATE EVENTS

第 5 章

被偶然统治的美丽错误

请说出所有发明家中最伟大的那一个：意外。

马克·吐温

世界范围内对进化论的反应出现了两个极端。一种冲动的反应是拒绝接受，例如在田纳西州众议院第 185 号法案中：

> 凡接受国家公立学校基金全部或部分资助的所有大学、师范学校和其他公立学校的所有老师，如有讲授任何理论，否认《圣经》中所教导的神创造人的故事，代之以教导人类是低等动物的后代的理论，均系非法。

1925 年 3 月通过的这项法令直接导致著名的高中教师约翰·斯柯普斯（John Scopes）被判有罪。这项法律在该州法院被视同宪法，直到 1967 年才被废除。[1]

如果这是骇人听闻的，那么再来看看另一个极端的反应。斯柯普斯被审的同一年，动物学教授伊利亚·伊万诺夫（Ilia Ivanov）得到资助去西非探险考察。这位科学家是家畜人工授精方面的先驱，这种技术是从选定的雄性那里获得精子，然后通过机械方式将精子输送至雌性体内。这一过程从未被广泛采用，直到伊万诺夫提出了他的方法，这一方法才在数以千计的马和羊身上得到了成功的应用。[2]伊万诺夫也相信，通过避开交配过程，人工授精可以创造杂交动物，从而能够培育出一些新品种，如马斑马（马与斑马杂交）和野奶牛（野牛和奶牛杂交）。

伊万诺夫的新项目也是要创造新杂交品种，只不过这次用的是人和黑猩猩，意图创造出一种“人猩猩”。伊万诺夫相信，两个亲缘关系足够密切的物种，可能会创造出一个可行的杂交品种，他认为这能为人类是从类人猿进化而来提供有力的证据。

伊万诺夫得到的不仅是政府的支持。作为世界上最著名的生物医学研究机构，巴黎的巴斯德研究院同样鼓励这项研究，并向伊万诺夫提供了他们在法属几内亚研究所里的黑猩猩。这一尝试及其潜在的意义也受到广泛的宣传。《纽约时报》报道称，此项实验旨在“通过在人类和高等猿类之间建立近亲关系，以此来支持进化论。”[3]新闻报道引发了更多的兴趣，同时也引来一些恶意批评者。在巴黎停留期间，伊万诺夫收到了来自“白人至上”主义的“三K党”的威胁信，他将此信视作证明他的研究“不仅有卓越的科学价值，也有深远的社会意义”的证据。[4]

但这项实验组织工作方面的问题比“三K党”还严重。伊万诺夫在1926年第一次去到法属几内亚的行程，可真不怎么样。他发现研究所里的黑猩猩都太年轻了，还未性成熟。1927年他再次来到法属几内亚，帮助抓获了几只成年黑猩猩。终于，伊万诺夫用捐献的人类精子对三只雌性黑猩猩进行了人工授精。然而，它们都没有怀孕。

伊万诺夫继续着他的实验，不过这一次他改变了方向，打算用黑猩猩的精子使人类女性受孕。经过两年的官方审议之后，伊万诺夫终于获得了批准，可以寻找“不少于5名”有着正确的理想而非财务动机的志愿者，他们将在医生的照看下，在一家灵长目动物研究站里，与世隔绝地生活至少一年。

伊万诺夫终于找到了志愿者，但这时他带回来的所有黑猩猩都死于运输或囚禁，于是实验被迫推迟。伊万诺夫于1932年逝世，他的经历就此被埋葬在人们的记忆中。[5]

世界上剩下的黑猩猩是幸运的，它们再也不用与人类交配，从而为进化论提供证据。人类或其他物种是否通过自然方式进化的问题早已成为过去。今天，合法而紧迫的问题是关于物种如何进化：新的能力和生活方式如何产生？新的物种如何形成？

这些问题正处在生物圈中创新与改变的起源的核心。你可能会惊讶地发现，一些生物学界最伟大的人物一直在为自然选择和突变对创新的贡献孰多孰少、孰轻孰重争执不下，这场激烈的辩论一直持续至今。[6]达尔文将巨大和首要的创造力归功于自然选择：“我看到无尽的变化，无尽的美丽以及所有有机物之间相互适应的无限复杂性，这种复杂性存在于不同生物体之间，以及它们生活的物质环境之间，这可能在很长的时间进程中受到了自然选择力量的影响。”[7]但莫诺在充分了解了一个世纪以来的达尔文思想后，坚持拥护随机的突变，因此“只有偶然才是每一个改变和生物圈中所有创新的源泉。”[8]

那么，我们斗胆问一句，这两个真正的天才中哪一个是对的？或者你认为谁的观点更对一点？

答案很重要，因为根据莫诺的说法，随机突变的创造性作用越大，就有更多的生命在偶然的驱使下诞生。

幸好，近来我们已经能够深入观察任何物种的 DNA、并精确地指出其新的能力和适应性产生的确切原因，这种能力成为我们获得领悟的新的重要来源。让我们先来窥探一下达尔文最喜欢的生物中的一种，从而更好地了解和熟悉 DNA。

鸽子如何获得不同的羽冠

在普通人看来，"英国号手"印度扇尾鸽、"老德国猫头鹰"、"老荷兰卷尾猴"和毛领鸽，只是看起来有着显著差别的不同品种的鸽子（见图 5-1）。但养鸽发烧友们一眼就能看出它们的一个共同特征：头上有一个羽毛形成的螺旋状羽冠。而其他大多数品种，如英国凸胸鸽、英国翻头鸽、信鸽等以及远古的野生岩鸽，则没有这样的羽冠。

这就产生了一个简单的问题：这些鸽子是如何获得它们花哨的羽冠的？

在从达尔文开始喂养鸽子算起的头 150 年里，想要找到一个精准的答案一点儿也不简单。喂养实验表明，羽冠的有无取决于一个单独的基因。然而，要在鸽子 DNA 的数以千计的基因中确认出这个特定基因，并找出其在有无羽冠的鸽子中的差异，无异于大海捞针。直到最近，凭借更快速、更便宜的 DNA 测序方法，我们掌握了每一种生物的 DNA 序列起，这些信息才不再遥不可及。

图 5-1　有羽冠的鸽子

注：左起，毛领鸽、老荷兰卷尾猴、英国号手，它们都有围绕着头颈形成的羽冠。

资料来源：Michael D. Shapiro.

为了找到鸽子 DNA 或其他任何物种 DNA“大海”中的这根重要的“针”，我们必须掌握 DNA 的语言，了解 DNA 信息是如何在生物体制造工作部件的过程中被解码的。你肯定能学会 DNA 的语言，它的字母表很短，词汇量非常有限，语法也很简单。学会这门语言的好处是，不仅能够理解创新和生物多样性的来源，而且能够理解人类个体差异的来源，以及我在接下来的两章中要应付的疾病的起因。你可能需要在这里夹上书签，以供稍后参考。

让我们从染色体、基因和 DNA 开始吧。每一个有机体的遗传信息由其细胞中的一条或多条染色体所携带。每一条染色体包含一个 DNA

长分子；你的一些 DNA 分子有超过 2 亿个碱基长。每个基因都沿着一个 DNA 分子占据自己的内部空间（见图 5-2）。单个染色体可能包含上千个基因。

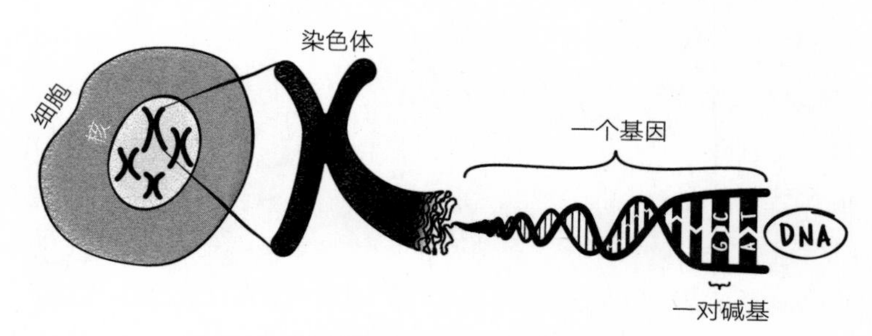

图 5-2　染色体、DNA 和基因之间的关系

注：染色体存在于细胞核中；每条染色体包含一个 DNA 长分子，每一个 DNA 长分子中包含许多有着众多 DNA 碱基对的基因。

资料来源：Kate Baldwin.

还记得吗？我在第 4 章中说过，DNA 由 4 种不同的碱基组成，分别以单个字母 A、C、G 和 T 指代。DNA 最令人惊奇的事实是，所有生命的多样性都是通过这 4 种碱基的不同排列组合而产生的。

这两条 DNA 链通过位于相对应的链上的碱基对之间的强键连接在一起；A 总是跟 T 配对，而 C 则是跟 G 配对。正是 DNA 片段（ACGTTCGATAA……）中数以千计或者更多碱基的独特排序，决定了每个基因中编码的独特信息。

仅仅使用这 4 种碱基，每个物种的整个 DNA 就编码了数千种不同的蛋白质，这些蛋白质分子在我们的细胞和身体中完成所有的工作：携带氧气、消化食物、为下一代复制 DNA。

蛋白质是由氨基酸组成的，氨基酸有 20 种不同的类型，为了速记方便，它们也用蛋白质序列中的单个字母表示。当被组装成平均长度约 400 的链时，这些氨基酸的化学特性决定了每种蛋白质的独特活性。

由于在 50 年前科学家已经破解了遗传密码，DNA 密码和每种蛋白质的独特序列之间的关系就很容易理解了。在制造蛋白质的过程中，DNA 的解码分两步进行。

DNA 首先转录为信使 RNA 的单链；这种 RNA 是 DNA 的一条链的补体。信使 RNA 随后被翻译成蛋白质。遗传密码（从 RNA 转录）一次读取 3 个碱基，每 3 个碱基组成的三联体组成了一个氨基酸（见图 5-3）。

DNA 中共有 64 组由 A、C、G、T 组成的不同的三联体组合，但只有 20 种氨基酸。多个三联体编码特定的氨基酸。3 个三联体编码无意义，标志着蛋白质转化的停止点，就像句号表明一句话的结束。这个密码在每一个物种中都是相同的，只有很少的例外。

这对我们来说很方便，同时也是生命共同起源的证明。给定一个特定的 DNA 序列，很容易破译 DNA 序列编码的蛋白质序列。同样，给定 DNA 中不同种类的突变，如替换、插入、删除，我们可以准确地预测蛋白质序列是如何改变的（见图 5-4）。

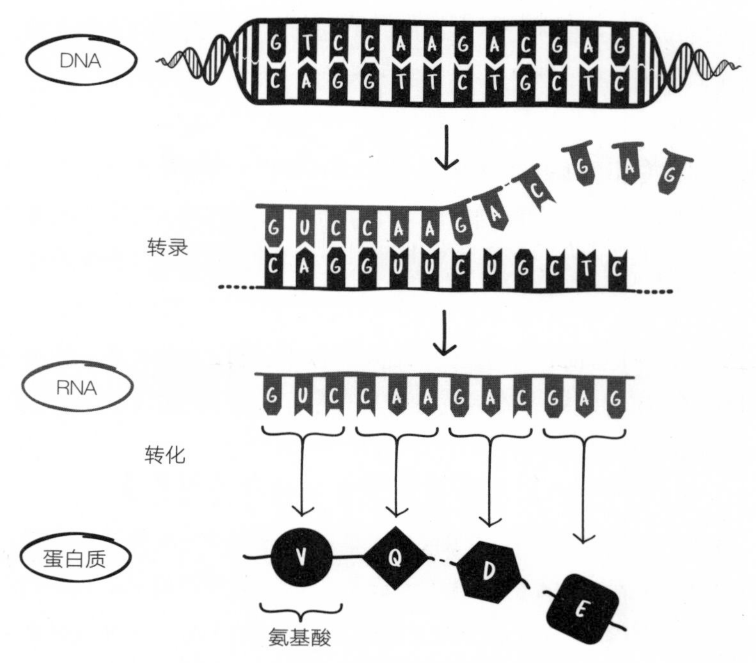

图 5-3　DNA 中信息的解码过程

注：DNA 解码成蛋白质分两步进行：DNA 首先转录为信使 RNA 的单链；这种 RNA 是 DNA 的一条链的补体。信使 RNA 随后被转化成氨基酸序列从而形成了蛋白质。

资料来源：Kate Baldwin.

大海捞针的挑战来自基因组的大小。鸽子的基因组包含 26 亿个碱基对（人类的基因组有大约 60 亿个碱基对）和超过 17 300 个基因。[9]

尽管如此，犹他大学的生物学家迈克·夏皮罗（Mike Shapiro）和来自世界各地的一组合作者已经弄清楚了鸽子是如何长出羽冠的。[10]

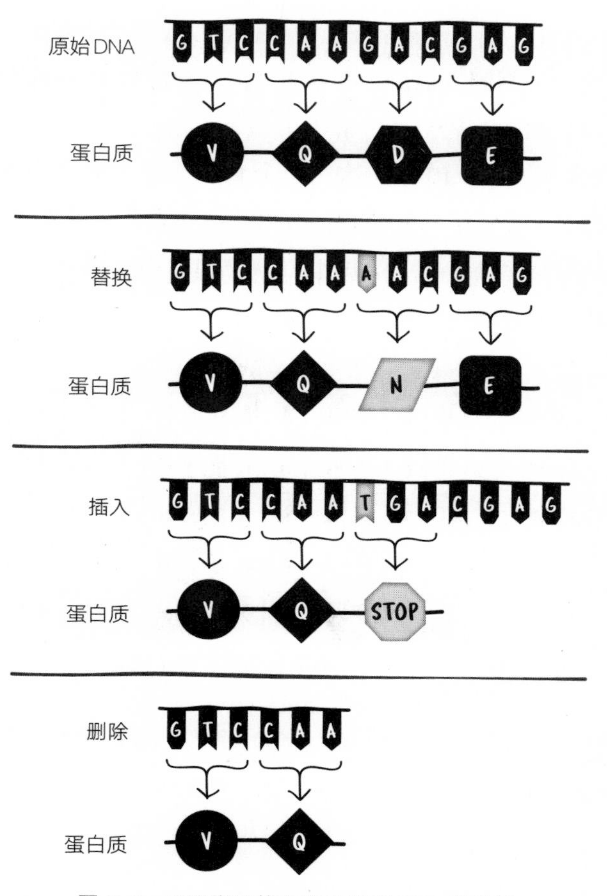

图 5-4　不同类型的突变改变了 DNA 的序列

注：经常发生在 DNA 中的替换、插入、删除改变了最终形成的蛋白质的序列。

资料来源：Kate Baldwin.

为了做到这一点，他们对包括 22 个有羽冠的品种和 57 个无羽冠的品种的众多鸽子 DNA 样本进行了检查和比较，发现羽冠的有无由一个特定的基因决定。而且有趣的是，有无羽冠仅仅是这个基因序列中一个特定位置的一处不同造成的。[11] 在这里，无羽冠的鸽子是一组 C-G 碱基配对，而有羽冠的鸽子是一组 T-A 碱基配对。这表明羽冠的出现是由发生在它们祖先基因中的一次由一个 C 到一个 T 的突变导致的。这个基因编码了一种叫作麻黄素 B2（ephrin B2）的蛋白质受体。DNA 中的一个碱基的差异反过来导致蛋白质序列中的一个差异，其中氨基酸精氨酸被半胱氨酸所取代（见图 5-5）。

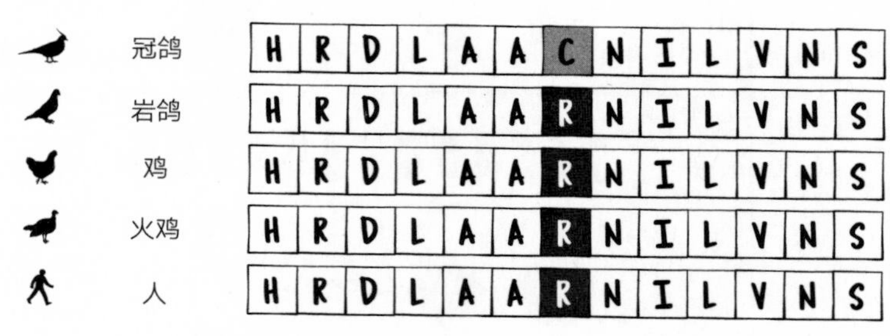

图 5-5　一个单一的突变创造了鸽子的羽冠

注：以上为几个物种的麻黄素 B2 蛋白质序列的一部分，用氨基酸的一个字母缩写表示。有羽冠的鸽子有一处突变导致精氨酸（R）被半胱氨酸（C）取代。

资料来源：Kate Baldwin 根据 Shapiro 等人 2013 年的资料绘制。

夏皮罗及其合作者也弄清了这一简单的变化对鸽子的外观造成的巨大差异。这种突变导致头部和颈部羽毛的极性发生逆转，使它们朝头顶生长，而不是顺着颈部向下生长，从而形成了围绕着头部的羽冠。

现在让我们考虑一下，鸽子羽冠的起源如何与突变和自然选择对创造的贡献产生关联。羽冠的起源是如此的清晰：鸽子祖先中的一只在某个时间发生的一次突变，导致了羽冠的出现。在各种各样的鸽子品种中都有羽冠的存在，人们认为这是由于育种者在这些品种的培育和繁殖的过程中，对羽冠性状进行了选择。

那么，谁才是真正的发明者，突变还是选择？

达尔文认为自然选择通过“极其微小的”变异逐步地发生作用。他和后来的生物学家认为，在任何给定的群体中，总是存在足够的变异来改变任何方面的性状。这个观点认为，自然选择启动了进化的演变，是有创造力的，而突变只是提供了“原材料”，自然选择利用它发挥作用。

但是羽冠并没有在古代岩鸽的身上出现。相反，鸽子头上羽毛模式的逆转和羽冠的形成是由一个基因的单一特异性突变导致的。这个突变是一下子就完成了的，并没有经过许多小步骤。在麻黄素 B2 突变的影响中没有什么“极其微小的”逐步发生的东西，也没有什么“原材料”。

“特定突变引发生物互不关联的变化”这类发现，在现在的科学杂志里随处可见，因此我们很有必要重新考虑突变潜在的创造性作用。正如我们在第 4 章中对突变的随机性所做的那样，我们需要一些标准来评估突变的创造性。字典中“发明”一词的定义是“创造以前不存在的东西”。我认为如果突变符合下述任一标准，就应该被视为是具有创造性的：

1. 突变导致了一个新的物理特征；
2. 突变产生了一种新的分子功能或能力；

3. 突变创造了一种新的基因生理功能。

羽冠突变符合第一项标准。有趣的是，夏皮罗和他的团队同样研究了导致驯化环颈鸽形成头部羽冠的基因和突变，环颈鸽是一个在两千万年前从鸽子分化而来的物种。瞧，他们发现成为起因的突变与鸽子羽冠突变完全相同，正是发生在麻黄素 B2 受体基因中，但是在不同的碱基上。这一发现表明，在这些鸟类身上，羽冠的出现方式非常有限。

但仅仅两种羽冠并不能形成一个普遍规律。让我们来看看其他更多的创造，并问问突变能做些什么或者不能做些什么。我已经讲了很多关于我们这个纷乱的物质世界的故事：长高的山脉、冰冷的海洋、冰川期的纤颤。现在，让我们来窥探一下一些居住或曾经居住在极端环境中的迷人生物的 DNA，看看它们是如何获得对极端环境的适应能力的。

DNA 的一小步，猛犸象的一大步

2001 年的一个晚上，生物学家凯文·坎贝尔（Kevin Campbell）正在观看一部介绍一头从西伯利亚永冻层中出土的长毛猛犸象的电视纪录片。他想到了一个简单的问题：这些冰川期的动物是如何应付严寒的?

保存完好的猛犸象化石显示，它们的祖先大约在 700 万年前出现在非洲的赤道附近，在 100 万年至 200 万年前冰川期的早期，它们来到高纬度地区定居。[12] 像木乃伊一样得到极好保存的猛犸象标本，呈现出一些适应寒冷的解剖学特征。与它们在亚洲和非洲的需要散热的近亲不同，生活在寒冷的北方的猛犸象有几个特征有利于它们保存热量：厚厚的皮毛，使它们的身体表面始终保持油亮顺滑的皮肤腺体，以及小得多的耳朵和短得多的尾巴。

但是坎贝尔对他看不到的东西更为好奇，也就是这些动物之所以稳稳站立在冰原上所应具备的生理构造。他知道，像驯鹿和麝牛这样的北极动物，会通过让它们细瘦的、隔热的四肢保持几乎只是冰点以上的体温，以此来减少热量的流失。它们能够避免冻伤是因为它们的血管排列成一个反向平行的网络，这样沿着腿部下行的动脉可以将热量传递给沿着腿部上行的静脉。然而，四肢温度较低使得血红蛋白，一种将氧气从肺部通过血液运送到身体组织的蛋白质，更难运送其重要的货物。

坎贝尔想知道猛犸象的血红蛋白是否有什么特别之处。想找出答案，只存在一个小小的阻碍：猛犸象已经灭绝了大约 1 万年，没有猛犸象的血液可供研究了。

但那时正是古代 DNA 研究技术的早期，研究人员开始从木乃伊和化石中提取和分析微量的支离破碎的 DNA。坎贝尔与澳大利亚生物学家艾伦·库珀（Alan Cooper），以及德国莱比锡马克斯－普朗克研究所的古代 DNA 专家迈克尔·霍夫雷特（Michael Hofreiter）组成团队，想看看从西伯利亚北部冻土中发现的 43 000 年前的猛犸象的大腿骨中能获得些什么。

利用一种名为聚合酶链反应（PCR）的技术，研究人员能够复制猛犸象的两个基因的版本，这两个基因负责编码血红蛋白蛋白质的两条不同的链。他们在其中一条链上发现了 3 处不同，它们是自猛犸象与其亚洲和非洲亲戚分开后才出现的。血红蛋白是生物学中被研究得最深入的蛋白质之一。坎贝尔和他的同事认识到，其中至少有 2 个差异涉及的基因链的位置，在哺乳动物中很少改变。

这一观察结果只是一种相关性。为了测试猛犸象的血红蛋白是否运转得不同寻常，研究人员不得不从尸体中提取蛋白质。因此，他们改变了细菌细胞的基因结构，用来制造猛犸象血红蛋白，并将其特性与亚洲象的血红蛋白进行了比较。他们发现猛犸象的血红蛋白确实比亚洲象的血红蛋白在低温条件下释放氧气的性能更好。

除了极寒外，还有其他一些因素给血红蛋白的工作带来挑战。在高海拔地区，吸入空气中氧气的百分比是相同的，但驱动肺部气体交换的氧气分压远比在海平面上时低得多。比如，它在海拔 5 500 米处下降了大约 50%，这给动物和人类造成了缺氧的危险。

然而，很多种类的鸟却能在极高的天空中飞翔，这无疑是一个非常耗费能量的过程。最有名的可能是斑头雁，它能从印度飞越喜马拉雅山脉，然后一路迁徙到蒙古国，据记载，其飞行高度超过 6 400 米。[13] 类似地，安第斯鹅生活在海拔约 5 500 米以上。[14] 对于它们和其他多种高海拔鸟类的血红蛋白基因和蛋白质的分析表明，与低海拔鸟类的血红蛋白相比，前者的一些特定的突变增加了蛋白质对氧的亲和性，从而使动脉血更为富氧并为身体组织提供足够的氧气。[15]

在这些鸟类和长毛猛犸象的案例中，一个或者一些突变就足以赋予血红蛋白新的特性，从而帮助这些动物将它们的生活范围延伸到非常具有挑战性的环境中。[16]可以认为这些突变具有创造性。现有基因中的这些简单替换只是突变的一种类型；然而，还有其他类型的突变对 DNA 和生物的影响更为显著。

突变的创造性

长毛猛犸象和斑头雁血红蛋白的适应能力很实用，但有时，极端的环境需要更极端的措施。

以南极地区为例。我在第 2 章中提到，过去的 5 000 万年里，全球气温下降了很多。南极曾经是无冰无雪、郁郁葱葱、绿水环绕，即使不像热带，至少是温暖的。然而，现在你如果恰好乘坐着南极邮轮，千万不要试图玩跳水！环绕南极大陆的海水温度是 −1.9℃，你将很快变成人形冰块。

但即便在这冰水里仍然有很多生物存活。事实上，在地球上最冷的水中竟然有很多鱼，早期的一些探险家对此大为惊讶。这是一个科学谜团：来自热带或温暖水域的鱼大约在 −0.8℃时会被冻死，所以一定有一些特别的东西使得南极的鱼类能适应更冷的水域。

这特别的东西就是抗冻剂。

对南极鱼类血清的检验表明，直到 −2.1℃时它才会冻结，原因是血清中塞满了充当抗冻剂的蛋白质。

这些鱼类在水中的主要敌人并不是寒冷，而是冰。水中的小冰晶如果通过鱼鳃进入体内或被鱼吞咽进去，就会在鱼的体内形成更大的冰晶。砰！它们就变成了冻住的鱼棍了。

抗冻剂的作用就是与冰分子结合，防止它们形成更大的致命晶体。温带鱼类的血清中没有这些蛋白质。这告诉我们，这些充当抗冻剂的蛋白质是一种创新。事实上，极地鱼类的不同族群有着不同的抗冻蛋白质，这清楚地表明，鱼类不止一次地发明了抗冻剂。因此，这些抗冻剂为探索新事物是如何发明出来的提供了绝佳的机会。

绵鳚（eelpouts）就是这样一个族群。它们长得不怎么好看，事实上有人会认为它们很丑，但你不得不欣赏它们，因为它们能在麦克默多海湾的冰水下 500 ～ 700 米处茁壮成长。研究人员克里斯蒂娜·程（Christina Cheng）和阿特·德弗里斯（Art DeVries）以及来自中国科学院的合作者提出了一个非常简单的问题：绵鳚的抗冻能力是如何产生的？有两种可能性：这种抗冻剂是全新的东西，或者是原有的一些东西承担了这项新的工作。后来找到的答案表明两者兼而有之，这揭示了突变如何能在几大步中产生新的基因和功能。

研究人员找到了一个关键的线索：抗冻蛋白质与在其他鱼类甚至老鼠和人类体内发现的另一种蛋白质的一部分极为相似。这说明这另一种蛋白质已经存在了很久。[17] 这种蛋白质是一种酶，它参与制造一种叫作唾液酸的糖，这种特殊类型的糖通常附着在我们细胞表面的分子上。这种唾液酸合成酶（Sialic Acid Synthase，SAS）有大约 360 个氨基酸，比大约包含 65 个氨基酸的抗冻蛋白质大很多，但抗冻蛋白质的基因序列跟 SAS 尾部的 65 个氨基酸的序列极为相似（见图 5-6 上图）。

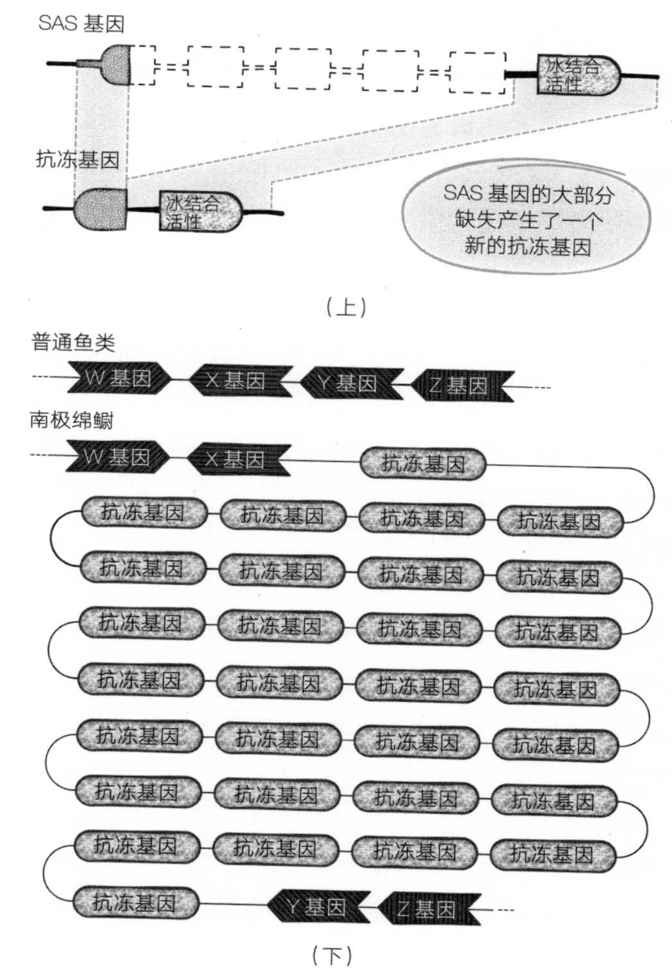

图 5-6 抗冻蛋白质的发明

注：上图，发生在一种南极鱼类 SAS 基因中的一个缺失，留下的片段编码了一种具有冰结合活性的蛋白质，与原基因的前端融合，创造出了一种抗冻基因。下图，这种抗冻基因随后多次复制，如南极绵鳚就复制了大约 30 个并嵌套在其他基因中（W,X,Y,Z），而普通的鱼完全没有抗冻基因。

资料来源：Kate Baldwin 根据 Deng 等人 2010 年的资料绘制。

一些专家通过研究绵鳚和其他一些鱼类的 DNA，解码了这种高度相似性的原因。这项研究揭示了抗冻基因是从 SAS 基因的一个组块进化而来的。[18] 这一组块编码了一些有能力与冰晶相结合的蛋白质。随着海洋温度的下降，这种进化派上了用场。自从抗冻蛋白质诞生以来，它经历了很多变化，增强了它的冰结合力（见图 5-6 上图）。

此外，抗冻基因的数量也大幅增加，这使得鱼类能够制造大量的抗冻剂。绵鳚有 30 多个基因的拷贝，所有的拷贝都排列在一条染色体上（见图 5-6 下图）。这些基因的串联排列告诉研究人员，绵鳚的抗冻基因组是由另一种众所周知的突变机制随着时间推移而形成的，在这种机制中，包含数千个碱基对的整个基因，甚至包含多个基因的更大的 DNA 片段，可以在一个步骤中被复制。

还有一点很重要。祖先的糖合成基因和较新的抗冻基因之间的差异，揭示了抗冻基因起源的一个关键步骤，就是祖先基因中一个片段的缺失。在这种情况下，缺失成为一个关键的创造性突变。

因此，抗冻剂的制造需要几个大的步骤。首先是 SAS 基因的复制。其次，大部分新的 SAS 基因发生缺失，留下了组块。这一组块随后被复制，复制品再被复制，一遍又一遍，在鱼类的进化过程中历经了数百万年（见图 5-6）。这些突变产生了一种具有新的生理功能（抗冻）的新分子（冰结合蛋白质），符合前面提到的标准 2 和标准 3。这一新的、扩展的基因组产生新功能的现象在所有生命形式中都很普遍。其他的新事物，如使蛇能够捕捉猎物的毒液、让哺乳动物哺育幼崽的乳汁，都有着类似的进化故事，同样来自具有新功能的基因。

我可以写一整本关于突变创造力的书。不过，我还是饶了你吧，这几个例子已经足以说明各种各样的突变是可以具有创造性的。

我之所以说“可以具有”，是因为大多数突变没有创造性。事实上，大多数突变没有产生影响的原因有这么几个。首先，在动植物的基因组中存在大量的 DNA 序列，它们没有必不可少的功能，我们的 DNA 中可能有 95% 是这样。在这些区域发生的突变通常是不会产生什么后果的。其次，由于遗传密码的冗余性，改变 DNA 碱基的基因突变不一定会改变编码蛋白质的序列。大约 75% 的突变是在区域的编码部分内发现的，它们不会改变三联体的“含义”，因为原始的和突变的三联体是编码相同氨基酸的同义词。[19] 最后，即使是引起蛋白质序列变化的突变也可能不会产生任何功能性影响，或者可能产生有害影响。

因此，创造性的突变是一小部分，很罕见。正如我在前面的章节中解释过的，在 DNA 的任何特定位置上的任何突变都是罕见的，大约每一亿个个体中才发生一次，而且因不同物种而异。基因复制和缺失同样罕见。尽管如此，就像一个业余高尔夫球手，只要有足够多的挥杆，他最终能击中目标；只要有足够多的鸽子、鱼类等，一代又一代，一个特定的突变就会发生在一个族群中。

但有一个问题。从突变的角度来说，猛犸象的血红蛋白，并不是幸运的一击，但涉及了多个突变。因为突变是独立的事件，两个突变同时发生在同一基因中的概率小到几乎可以忽略。两个突变同时发生的概率等于单个突变发生的概率的乘积，大约是 $1/10^8 \times 1/10^8$，等于 $1/10^{16}$，即 10 万亿分之一。这就相当于从地球上的所有生物中选中了一只猛犸象。

不可能吧？

不。想想自然选择。

攀登进化的阶梯

研究人员发现，在长毛猛犸象血红蛋白的三种变化中，至少有两种能独立地影响氧的输送。可以说，每一个变化都为猛犸象提供了一些额外的好处，使得它们改善了在寒冷中的表现，扩大了它们的活动范围。但是考虑到两种突变同时发生的不可能性，这两种突变究竟是如何在所有的猛犸象身上完成的呢？

这个过程是逐步完成的，而不是一蹴而就的。

如果一个突变提供了显著的性能优势，那么随着时间的推移，它将通过增加遗传者的繁殖量和存活率来增加其在种群中出现的频率。这就是自然选择的竞争过程。例如，如果一个突变带来 3% 的优势，也就是说，有突变的个体能产生 103 个独立存活的后代，而没有突变的个体只能产生 100 个后代，那么在不到 1 000 代的时间里，这种突变就可以在一个庞大的种群里普遍存在。[20]

如果且当第二个有益的突变发生时，那么它将出现在已经拥有第一个突变的动物身上，随后也将传播开来。这就是自然选择的积累过程。它的工作原理类似于爬一组楼梯，新的突变提供了每一个台阶的上升段，而自然选择通过在种群中传播突变，在下一个台阶上升段出现前提供了每一个台阶的前进段（见图 5-7）。在缓慢繁殖的生物中，这一过程要花很长的时间，但在微生物、病毒和我们自己身体内的细胞这样的快速繁殖的生物中，我们可以实时地看到这一切的发生。好好看一下图 5-7，你将很快再次看到这样的阶梯。

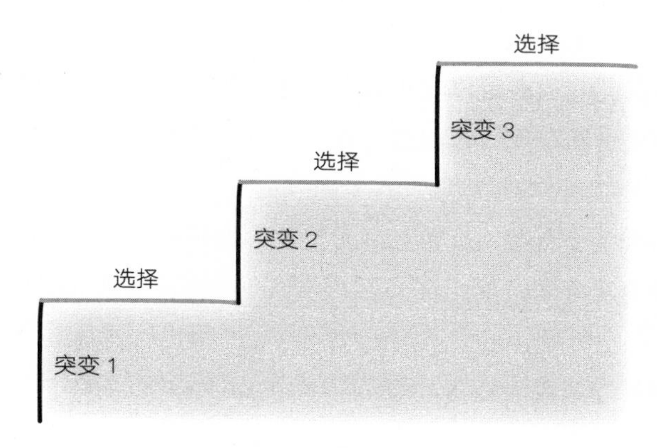

图 5-7　进化的阶梯

注：多种变化可以通过一个累积过程发生在一个基因内。在一个基因内的新的突变提供了每一步渐进的变化（阶梯的上升段），而自然选择将每一个突变传播到一个种群内（阶梯的前进段）。通过这种方式，一个基因中可以累积多种变化。

资料来源：Kate Baldwin.

这一阶梯图描绘出了突变和自然选择各自的工作，以及它们各自能干什么和不能干什么。一方面自然选择自己不能发明任何东西，创新属于阶梯的上升段，它需要一个成功的突变。另一方面，因为一个新的突变只是发生在一个个体中，它不能单独地改变一个族群，也不能一下子产生多个变化。

所以，偶然负责发明，自然选择负责传播发明。

也可能不是。在地球上的某处，在特定的时间里，一个特定的突变可能会，也可能不会给特定的族群带来优势。认识到这一点很重要，例如，一个与使得猛犸象的血红蛋白得以在低温条件下更好地输送氧的突变相同的突变，也曾在个别人身上出现。[21] 但在这些人身上，它导致了轻度贫血，因此它没有得以在人群中传播。类似地，一个使哺乳动物毛发变白的突变可能在冰雪地区是有益的，而在其他地方则是个麻烦。

对于一种生物有益的事不一定对另外的生物同样有益，这取决于它们各自的环境。那么，是什么决定了它们所处的环境呢？正如我们在第 1 章与第 2 章中所见，这些主要是外部的物质条件，而这些条件又是由无数偶然事件所形成的。

所以，偶然负责发明，发明的命运依赖于偶然形成的环境。

偶然对生命世界的影响不仅仅是生物特性的创造，更延伸到了达尔文最关注的现象，即物种的起源。为了探索这个领域并就此结束本章，让我们回到伊万诺夫的探索以及黑猩猩与人类的问题。

偶然的生命之树

如果伊万诺夫成功地用黑猩猩的精子让女人怀了孕，那将会发生什么？会生出一个能独立存活的“人猩猩”吗？

我们不能确切地回答，但在认真考虑这种可能性时，有几个实际情况需要考虑。

物种被定义为可繁殖的、独立的种群。在物种间形成杂交品种有两类障碍：交配前因素，如动物行为或解剖学问题，它们都会阻止交配；交配后因素，在本质上主要是遗传性因素，阻止可独立存活或可生育的杂种的发育。众所周知，随着时间的推移，两个物种之间的遗传“不相容性”会逐渐增强，这可能会阻碍杂交后代的发育。这不仅包括至目前为止我们所遇到的能改变基因序列的种种突变，还包括染色体的大规模重组：倒置、易位、断裂和融合。这些可能不影响基因序列，但可以改变基因在染色体上的顺序、位置以及染色体的数量。

伊万诺夫通过人工授精绕开了大猩猩与人交配的解剖和行为障碍，因此问题就归结到了基因上：由人类母亲捐献的人类基因能否与雄性黑猩猩的基因结合在一起并产生一个婴儿?

通过对两个物种的 DNA 测序，我们知道在人类的大部分基因组中，人类的 DNA 序列与黑猩猩的 DNA 序列大约有 98.8% 是相同的。这意味着，在我们各自谱系分裂后的大约 600 万年里，人类或黑猩猩的谱系中平均每 1 000 个碱基对发生了 12 个单碱基突变。[22] 在总计 30 亿个碱基对中发生了大约 3 500 万次突变。黑猩猩的基因分布在 24 对染色体上，而我们则是 23 对染色体。

这些数据表明人类和黑猩猩之间既存在大量的相似性，又有很多的不同；这使得成活“人猩猩”的特征可能会偏向任何一方。问题是，在动物杂种中遗传差异的可容忍度如何？或者反过来说，杂种形成的障碍有多大？

美国坦普尔大学进化生物学家布莱尔·赫奇斯（S. Blair Hedges）和苏蒂尔·库马尔（Sudhir Kumar）及其同事仔细研究了生命之树的问题。他们发现，在哺乳动物和鸟类等动物中，完成物种形成所需的时间有惊人的一致性，都大约需要 200 万年。超过这段时间后，似乎是一个“不归路标志牌”，在此之后任何两个血统之间的繁殖都会因基因不相容性的积累而受阻。[23]

简而言之，伟大的分叉的生命之树，似乎是种群中随机突变稳定积累的必然产物或副产品。这是达尔文无法也不会想到的深刻见解。这值得直接引用作者的话：

> 在大多数情况下，在生命之树上看到的谱系分裂可能反映了随机环境事件导致的种群分隔，并可能是在短时间内导致了许多种群的分隔。[24] 然而，相对较长的形成物种的时间（200 万年），即一个由随机遗传事件引起的过程，将限制最终成为物种的分离物的数量。在这种模式下，多样化是这样两个随机过程的产物：非生物的和遗传的。

我换一种说法：看看你周围所有美丽的、复杂的、多样的生命吧！我们生活在一个被偶然所统治并充满错误的世界里。

至于人猩猩的问题，既然人类和黑猩猩已经分离了远超 200 万年

（大约 600 万年），我敢打赌，一个人猩猩婴儿是不可能出现的。

尽管伊万诺夫没能成功获得杂交品种，他的实验还有一个可能的结果，他没有考虑到，但这一点很重要，特别是考虑到这两年世界正在经历的情况：伊万诺夫可能引发了一场致命的大流行病。

在之前的章节中，我提到了一个发生在蛋白质序列中的打字错误，由 KKKYMMKHL 变成了 KKKYRMKHL，从而导致了 3 500 万人的死亡。[25]

我将在此揭示，第一个短序列是猿猴免疫缺陷病毒（SIV）制造的一种蛋白质的一部分，这种病毒感染了黑猩猩、大猩猩和其他各种旧大陆猿猴。第二个序列中的一个变化（M → R）出现在所有三种主要的人类免疫缺陷病毒（HIV-1）毒株中，包括导致大流行病（艾滋病）的毒株。[26] 这一突变使得 SIV 独立地从黑猩猩身上，经 3 次跳转到人类身上并变成了 HIV-1。

目前尚不清楚第一次感染是如何发生的。大多数推测都认为，这发生在人类狩猎、准备或食用黑猩猩肉时与受感染的黑猩猩血液或体液的接触过程中。然而，第一次感染的大致时间和地点是明确的，应该是 20 世纪初期的中非西部。HIV-2，更少人知道的 HIV-1 的邪恶双胞胎，也是从中非西部发端的。[27] SIV 的广泛传播意味着，无论伊万诺夫从何处获得黑猩猩的精子，他都在不知不觉中冒着把病毒引入人体的风险，并有可能引发艾滋病。

SIV 反复独立地突变成能感染人类的病毒，以及这些病毒在人与人之间的传播，说明病毒大流行的起源也是偶然的。在一个动物物种中随机突变的病毒中，其中一些可能偶然地让人类感染。如果这个物种恰好跟人类有着亲密的接触，那么病毒可以感染一个或者更多的人，最终导致人与人之间的传播。

这些新病毒由动物传染给人类的“溢出”事件，也是很多病毒大流行的起因，其中包括 1918 年大流感、2002 年至 2004 年严重急性呼吸综合征（SARS）[28]，以及 2012 年以来多次爆发的中东呼吸综合征（MERS）。[29]

事实上，现在人们认为很多人类遭受的最严重的灾祸是动物造成的，包括天花（2 000 多年前由老鼠携带的相关病毒引发）[30] 和麻疹（大约 1 000 年前由家畜携带的牛瘟病毒引发）。[31]

这里有一个比不要与黑猩猩交配、不要亲吻骆驼和不要食用果子狸或穿山甲等更大的教训：这些溢出事件和潜在的大流行病，都是正在等着发生的意外。

A SERIES OF FORTUNATE EVENTS

第三部分

个人化的偶然事件

我们现在都知道，跟其他每一个物种一样，人类的诞生纯属偶然。我们是通过偶然驱动的外部和内部过程的相互作用而得以诞生的，这些过程同样创造了岩鸽、长毛猛犸象和绵鳚。

但这个“我们”是一个总体概念。当生物学家说“人类”时，他们究竟是在指谁？难道我们每个人不是与其他人在很多方面都不同吗？如果是这样，我们这个物种的所有这些多样性从何而来？是什么让我们每个人都与众不同？

在剩下的两章中，我将从个体层面解释偶然这一概念。

你可能完全不想提起这个话题，但现在是时候想想你父母的生殖腺以及你被怀上的那一刻了。不止如此，我还将提及你的爷爷、奶奶、姥姥、姥爷的生殖腺。

你将看到，为什么 K-Pg 小行星和人类这个物种从冰川期的混乱中崛起，仅仅用掉了你的一半好运。很多的偶然事件必须以某种方式发生，才能让你来到地球上——当我说“你”时，我是明确地指你这个人。

而且不仅你的出生是个偶然的事件，你存活下来也实属偶然。当然，如果你未能顺利降生，那也应该归咎于偶然，但如果你接着读下去，会发现有办法减少这种可能性。

A SERIES OF FORTUNATE EVENTS

第6章

一切母亲的意外

所以，当你感觉自己非常渺小、没有安全感的时候，
请记住，你的降生是多么的不可思议。
祈祷吧，希望在太空的某个地方存在智慧的生命，
“因为地球上到处都是虫子！”

巨蟒剧团

《银河之歌》（*Galaxy Song*）

英国六人喜剧团体

从外观上看，这座造型简单的白色长方形单层建筑，跟美国南部郊外的许多小型基督教堂差不多。走进建筑内部，周六晚上固有的礼拜仪式正在进行。这场仪式吸引了大约 20 名教区居民，他们正欢快地唱着一首振奋人心的福音歌曲《哦，快乐的日子》（*Oh Happy Day*）。但当肯塔基州米德尔斯堡的 42 岁牧师杰米·库兹（Jamie Coots），把手伸进诵经台附近的一个小盒子里时，庆祝活动展现了一种全新的精神。[1]

他徒手拽出两条响尾蛇，将它们缓缓举过头顶，一边继续唱歌，一边平静地在教堂里走来走去，然后把扭动着的大蛇递给他的一位会众（见图 6-1）。

抓蛇仪式在西弗吉尼亚州、肯塔基州、田纳西州和阿巴拉契亚其他地区约 100 个五旬节教堂里举行过，这项仪式源自《圣经·马可福音》中的一段话："他们应拿起蛇。如果他们喝了任何致命的东西，蛇就不会伤害他们了。"虽然有人可能会说《圣经·马可福音》中并没有指明要用毒蛇，但作为家族中的第三代牧师，库兹并不是这么解释的："对我来说，这就是上帝的旨意。"[2]

图 6-1　杰米·库兹抓着一条响尾蛇

资料来源：Tennessean/USA TODAY Network，经许可复制。

对于库兹和他的信众来说，手抓有毒的响尾蛇和铜头蝮蛇是表达信仰的一种举动，他们相信自己不会被咬，即使被咬了，也只有上帝会保护他们，因为他们通常拒绝接受治疗。

库兹是这么说的，也是这么做的。2013 年，他接受了一次全国播放的电视采访，在此之前，他已经被蛇咬过 9 次。幸好，其中的几次是"干"咬，即蛇咬的时候并没有喷射毒液。库兹遭受的最严重的一次伤害，是被一条响尾蛇咬中了右手中指。"那是我这辈子经历的最痛苦的一件事。"[3] 他告诉记者。由于他坚持不接受治疗，他的中指最终坏死并被截掉。

他为什么要冒这样的风险或承受如此剧烈的疼痛呢？“为了获得内心的平静……上帝赐予我荣耀，让我感受到他的精神。”库兹平静地解释道。[4]

仅仅三个月后，也就是在2014年2月15日这一天，一条响尾蛇结束了他的生命。[5]

在美国很少有人会因被蛇咬而死。2014年，全美被蛇咬致死的人仅有3个，库兹便是其中之一，但他是2012至2015年被蛇咬死的三个五旬节教派抓蛇人中的第二个。[6]之所以因蛇咬而致死的人数如此之少，是因为大多数人在被蛇严重咬伤的情况下通常会注射抗蛇毒血清，从而化险为夷。而库兹和其他五旬节教派的抓蛇人拒绝接受治疗。此外，大多数咬伤是可以预防的。医院的记录显示，大多数人之所以被蛇咬伤，是因为他们去招惹了蛇或用手去抓蛇。[7]我的朋友丹尼·布劳尔（Danny Brower）是蛇类专家，他总是说：“蛇类爱好者分两种，一种是从未被蛇咬过的，另一种是被蛇咬过很多次的。”

事实上在美国，野生动物致人死亡的事件极为罕见。记录显示，2018年是近年来此类事件最高发的一年，总共有10人由于遭受野生动物的攻击而死亡，其中5人命丧熊爪，2人被美洲狮撕咬致死，2人在短吻鳄口中丧生，1人被鲨鱼咬死。而2017年这方面的死亡人数为2人。我们可以将这一数据与同年全美由于其他原因而丧生的人数进行比较：569人从梯子或脚手架上跌落致死，723人在游泳池中溺亡，486人死于意外枪击，3 484人死于非药物中毒。[8]遭遇野生动物攻击会成为头条新闻，但就许多偶然事件而言，我们对发生各种意外的相对可能性并没有准确的感知。我们往往害怕不太可能发生的事，却忽视或低估更大的威胁。

人类对各类事件发生的可能性的糟糕判断，也体现在我们判断自身作为个体存在的可能性上。我们死于动物攻击的概率微不足道，但在父母生殖腺中上演的博弈游戏早已注定，我们能够出生的概率才真的是微乎其微。

某些人可能从他们的父母口中得知，自己的降生纯属意外，但真相是，我们所有人的降生都属于意外。更重要的是，我们赖以生存的身体机制就是在偶然情况下形成的非凡系统。

七十万亿分之一

想象一下，在太阳系的一颗大行星附近有一大群流星，大约有 1 亿颗。大多数流星都运行在将它们抛向空旷太空的轨道上，但有一小簇从整体中突围而出，突然朝这颗大行星飞去。随着时间的推移，其中的一些会靠近大行星表面，然后看起来像是被大星球的外部大气层反弹回来了一样。然而，终于有一颗流星突破了大行星的保护层，与大行星发生撞击并释放出巨大的能量。大行星巨大的身体在撞击下不断地颤抖并释放出大量化学物质。

但这一次，生命并没有终结，而是诞生了。

你是不是有点儿困惑不解？如果这些流星都有一颗脑袋和一条长长

的尾巴，是不是就很容易理解了?

它们是人类的精子，而那次撞击就是卵子受精的瞬间，也就是一颗精子穿透一颗体积为其30倍大的卵子的外层时。颤抖和释放化学物质是卵子发生的剧烈物理和化学变化的一部分，这些变化阻止了卵子与其他精子结合，并开始了胚胎发育的过程。

只有一颗精子能从至少高达一亿的竞争者中脱颖而出，沿着输卵管一路向前游，最终成功使卵子受精。受精卵是两个基因组的结合，其中一半染色体来自精子，另一半则来自卵子。说到这里，我要告诉你一个惊人的事实：没有两颗受精卵是完全相同的。

是的，那些描述每个人都多么与众不同的话，虽然有些乏味，但的确有一定的道理。除了同卵双胞胎，每个人的基因都是独一无二的，就像雪花一样!

你可能在想："这是真的吗?我的眼睛像母亲，鼻子像父亲，但我的兄弟姐妹也是这样啊!"

好吧，是时候做个小测验了：如果父母双方在受精时各自贡献了23条染色体，那么你的父母一共可能生出多少个基因独一无二的孩子呢?

猜猜吧，23? 46? 92?

都不对。给你一个提示：答案是超过70……万亿。也就是7后面跟着13个0。

我们来算一算这个数字是怎么来的。计算的关键在于，我们要弄清楚有多少种可能的染色体组合。

人类有23对染色体，总共46条染色体。其中，22对染色体在男孩和女孩中具有相同的结构，它们被称为常染色体，而另外两条染色体X和Y，是性染色体——男孩有一个X和一个Y；女孩则有两个X。通常，成熟的精子和卵子包含23条染色体，这样受精卵就有了完整的23对染色体。

这样一来，每个人通过父亲的精子和母亲的卵子，分别继承父母一半的染色体。而你的父亲和母亲，也分别从他们的父母那里各继承一半的染色体。这意味着精子或卵子细胞中的任何一条染色体，其实都是二选一的结果。这些染色体不完全相同，因为它们来自不同的祖先。它们将携带被选中的DNA序列的大多数基因。

精子和卵子是通过这样一个过程产生的，这个过程从包含完整的23对染色体的细胞开始，到最后只留下一半的染色体。关键在于，将一对染色体中的某一条分配给精子或卵子的过程是随机的。这表明，每颗精子中的任意一条染色体都是二选一的结果。因此两条染色体可能形成的组合数是$2^2=4$，3条染色体可能形成的组合数是$2^3=8$，以此类推。23条染色体的可能组合数是2^{23}，因此精子中染色体的不同组合数为8 388 608。卵子的情况也是一样。由此可知，精子和卵子的组合数是这两个数的乘积，即 2^{46}=8 388 608 × 8 388 608=70 368 744 177 664，约为 70 万亿，对应着 70 万亿个不同的婴儿。

这是个天文数字。一名男性的睾丸每天最少产生约 1 亿颗精子，这样在他的一生中能产生至少 2 万亿颗精子。相反，女性出生时其体内就已经存储了她们将要产生的全部卵子——约一两百万颗，而到了青春期，她们体内的卵子数量减少到约 5 万颗。由于每月通常仅排出一颗卵子，因此女性将子女的数量很好地控制在了远低于万亿的范围内。当体重为 4.67 千克的我作为家里的第四个孩子降生后，我母亲没有再生育其他子女。

以上计算过程表明，我们每个人都是独一无二的，但实际上，这低估了独特的孩子的潜在数量。这是因为还有其他两个因素影响了遗传过程。第一个因素是到现在我都没有提及的遗传重组过程。当染色体在精子和卵子的形成过程中配对时，它们可以相互重组并彼此交换片段。由此产生的新的染色体就是亲本染色体的混合体（见图 6-2）。由于遗传重组几乎可以发生在染色体上的任何位置，并且平均在每对染色体上发生一次，因此具有不同染色体的卵子和精子的实际数量远大于 8 388 608。此外，父母双方的基因中都没有的突变，正是发生在卵子和精子的形成过程中。如前文所述，每个精子或卵子有 20 ～ 35 个新的突变，这些突变在整个基因组中随机发生，因此，包含不同遗传基因的精子和卵子的数量是天文数字。

多亏了这 4 种随机机制：将染色体随机复制到精子和卵子中，随机地交换染色体片段，随机发生新的突变，以及某个幸运的精子成功地与某个卵子结合，我们每个人才获得了染色体、基因和突变的独特组合。我们每个人都是独一无二的偶然——一个有着独一无二基因的精子与一个有着独一无二基因的卵子的碰撞。

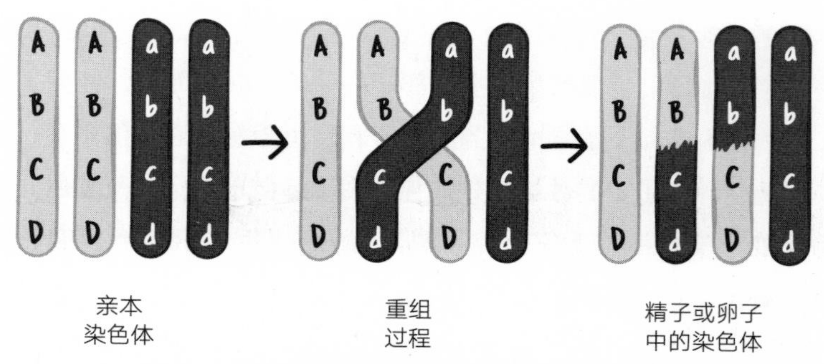

图 6-2　基因重组增加了精子和卵子的遗传多样性

注：当染色体在精子或卵子的形成过程中配对时，它们可以相互重组。这样一来，每一条染色体都是由两条染色体的遗传信息组成的混合体，仅从图片中看，就好像马赛克图案一样。

资料来源：Kate Baldwin.

为出生感到幸运

现在，既然我们都觉得自己很特别，是时候说一些更残酷的事情了。

由于所有这些产生精子、卵子和婴儿的过程都存在很大程度的偶然性，有时有些独特的基因组合就不那么幸运了。大约 5% 的人类婴儿患有基因疾病（genetic disorder）。其中大约 20% 是由父母双方都没有出现过的新突变导致的。[9]

最常见的基因疾病是由 X 染色体上的突变引起的。这些病症最常出现在男性身上，因为他们只有一条 X 染色体，因此如果 X 染色体上的这份基因有缺陷，他们就会表现出病症。由于女性有两条 X 染色体，所以另一条 X 染色体上功能正常的相同基因，通常足以弥补有缺陷的那个基因。A 型血友病、进行性假肥大性肌营养不良和红绿色盲都是由 X 染色体缺陷导致的，主要发生在男性身上，可能由父母双方都不存在的新突变自发产生。当携带一个缺陷基因的母亲将 X 染色体遗传给儿子时，也会出现这种情况。

虽然突变是随机的，但也有一些因素会影响精子或卵子中可能存在的突变的数量或种类。例如，随着男性年龄的增长，他们的精子发生突变的可能性会增加。这是因为产生精子的细胞经历了更多轮的 DNA 复制，故而积累了更多的突变。最近一项针对冰岛人及其子女的研究显示，父亲的年龄每增加两岁，他的精子就会多将大约 3 种新增的突变遗传给后代。[10] 突变越多，后代患基因疾病的风险就越大。例如，至少 30% 患有孤独症谱系障碍的儿童似乎都是由新突变所导致。[11] 一项针对 5 个国家超过 570 万名儿童的研究显示，50 岁以上的男性生下患有孤独症后代的风险比 30 岁以下的男性高 66%。[12]

遗传疾病的另一个来源是成熟卵子形成过程中染色体的分类。有时，一对染色体中的两条染色体与其他 22 条条染色体一起被打包装进了一个卵子。如果这个卵子受精，那么胚胎中就会有三条这种染色体，这种情况被称为三体性（trisomy）。最常见的三体性发生在 21 号染色体上，是唐氏综合征的成因。[13] 唐氏综合征正是 21 号染色体上的某些基因分量过多而引发的。

出现唐氏综合征和其他三体性的风险也会随年龄的增长而增加。卵子是在女婴的胚胎发育过程中产生的，但直到十几年后才会成熟。随着卵子的老化，女性 40 岁时其卵子出现三体性的风险大约是其 25 岁时的 2.5 倍。主要由于三体性和其他染色体异常，24 岁以下的女性在怀孕的前三个月流产的概率约为 10%，而对于 42 岁以上的女性，这一概率达到了 50% 以上。除 21 号染色体异常以外的三体性，在儿童中比较罕见或从未出现过，这表明大多数出现其他三体性的胎儿无法降生。

我们的出生过程伴随着如此多可能出现的意外，因此，我们都应该感到幸运。

而有些人比其他人更加幸运。

独一无二的运气

斯蒂芬·克罗恩（Stephen Crohn）在美国新泽西州的杜蒙特长大，杜蒙特与曼哈顿之间只隔着一条哈德逊河。

克罗恩生于 1947 年，属于婴儿潮一代，他于 20 世纪 60 年代长大成人，因自己的同性恋身份而备受折磨。他强烈地感受到人们的偏见，于是离开大学加入民权运动，并与马丁·路德·金一起从亚拉巴马州的塞尔马一直游行到蒙哥马利。克罗恩性格外向，他一直希望得到认同，于是他搬到了纽约的一个社区，加入了该社区迄今仍为地下性质的同性恋文化圈。最终，他还是回到了学校，开始了艺术工作者的职业生涯，同时还兼职做文案编辑以维持生计。[14]

到了 1979 年，他与一位英俊健壮的大厨杰里·格林（Jerry Green）相爱了。他们很快就从东海岸搬到了西好莱坞，并沉迷于洛杉矶的夜生活，直到 1981 年 1 月格林开始持续发烧。那年夏天的晚些时候，美国疾病控制中心报告称，在纽约和加利福尼亚，同性恋男子中爆发了不寻常的肺炎和一种罕见的癌症。[15] 到了第二年冬天，格林的一只眼睛失明了，身上布满了被称为卡波西肉瘤的癌性病变。格林在克罗恩的照看下日渐消瘦，最终于 1982 年 3 月去世，成为这种疾病的首批受害者之一。当年晚些时候，美国疾病控制中心将该疾病命名为“获得性免疫缺陷综合征”，即我们常说的艾滋病。

1984 年，法国和美国的研究人员确定了该病的病因。它是一种以前未知的、会导致动物患上癌症的病毒，也就是所谓的逆转录病毒。大多数病毒感染，如感冒或流感，持续时间是有限的，因为我们的免疫系统会对它们产生强烈的反应，并将其从体内清除。但是艾滋病病毒——后来被命名为人类免疫缺陷病毒（HIV），有两个特别可怕的特性。首先，它会感染免疫系统的细胞，最终耗尽其中对多种微生物产生反应所必需的一种关键细胞，从而导致肺炎、真菌感染，甚至更严重的反应。其次，它有很高的突变概率，因此它能不断地改变外观，以逃避免疫系统的攻击。这种疾病一旦出现，医生和药物基本上都无能为力。

格林只是克罗恩社交圈中第一个招架不住该病毒的人。1985 年又有两人死亡，1986 年和 1989 年也有两人相继去世。克罗恩害怕自己会是下一个，因为他采取的预防措施并不比他的朋友多。每当他感到不舒服时，他都注意观察自己是否出现了感染艾滋病病毒的迹象。但即使他身边更多的朋友相继去世，这些症状也没有在他身上出现过。[16] 他完全肯定自己曾经接触过这种病毒。渐渐地，他意识到自己可能对该病毒有某种抵抗力。他开始对医生和身边朋友说，自己应该被作为研究对象。

他的感觉不仅仅是一种疯狂的幻想。他的家族里就有医学专家，可进行相关的研究。他的叔父伯里尔 · 克罗恩（Burrill Crohn）是著名的胃肠病学家，克罗恩病就是以他的名字命名的。在一次家庭聚会上，他把自己的经历告诉了研究人员，他们同意对他进行检查。

但直到 1994 年才有人对斯蒂芬·克罗恩的情况进行研究。亚伦·戴蒙德艾滋病研究中心的威廉 · 帕克斯顿博士（Dr. William Paxton）一直在寻找接触过艾滋病病毒但没有患病的人。克罗恩的医生与他取得了联系。帕克斯顿抽取了克罗恩的血液，并让他的白细胞群（即 CD4 T 细胞）接触大量的 HIV。

帕克斯顿很惊讶地表示："克罗恩的 CD4 细胞不会被病毒感染，这是我们从未见过的。"[17]

克罗恩的 T 细胞无法被 HIV 病毒穿透的原因，研究人员花了几年时间才弄清楚。HIV 通过两种受体蛋白 CXCR4 和 CCR5 进入细胞，这两种蛋白在 T 细胞表面起着门户的作用。对克罗恩的 T 细胞的详细检查显示，它们不产生 CCR5 受体。由于部分入口缺失，病毒无法进入他的 T 细胞。克罗恩的 DNA 测序显示，他的两个 CCR5 基因都缺少 32 个碱基对（表示为 CCR5delta32）。[18] 这一发现意味着他幸运地遗传到了两条染色体上的突变，一条来自他的母亲，另一条来自他的父亲。

这一发现激励了克罗恩和医学界。克罗恩通过向媒体和捐赠者讲述自己的故事，为艾滋病研究筹集资金。医学界则利用克罗恩的细胞提供的新思路来研究治疗艾滋病的新型药物。10 年后，一种名为马拉维若（maraviroc）的新药得以批准使用，这种新药阻断了 HIV 进入 CCR5 受体的通路。[19] 同年，一位名叫蒂莫西·雷·布朗（Timothy Ray Brown）的艾滋病患者接受了一位捐赠者的骨髓移植后，成为有史以来第一位被治愈的艾滋病患者，而这位捐赠者的骨髓携带了与克罗恩相同的 CCR5delta32 突变。[20]

全球范围内针对 delta32 突变的广泛调查显示，它在欧洲人和欧亚混血群体中发生的频率很高，为 3% ～ 16%，但在非洲土著、南美洲人或亚洲人中却几乎不存在。[21] 在发现突变的人群中，像克罗恩这样携带两条对艾滋病病毒有抵抗力的染色体的人相对较少，通常不到 1%。

还有一个谜团没有解开，那就是为什么 delta32 突变会出现，因为它的出现明显早于艾滋病的发现时间。[22] 研究人员在德国中部挖掘出的尸体的 DNA 样本中发现了 delta32 突变，这种突变可以追溯到青铜时代（2 900 年前），而到中世纪时已十分普遍。直到 20 世纪初，艾滋病病毒才从黑猩猩身上传播到人类身上（见第 5 章）。一种推测是，delta32 突变对几千年前在欧洲人或欧亚混血群体首次遇到的一些尚未确定的病原体存在一定的抵抗力，因此自然选择便使这种突变更为普遍。到了 20 世纪，人们得以借此抵抗艾滋病病毒只是一种侥幸。

不管这种突变源自什么，多亏了自己的父母，克罗恩在一场从来都没想参加的彩票抽奖中，抽到了一张他从来没有想过会中奖的彩票。但事实是，我们这些足够幸运、能远离艾滋病病毒的人，依靠的是偶然成为我们身体一部分的免疫系统。

自卫的阶梯

全球已有数百万人死于艾滋病，这清楚地表明了免疫系统在保护我们免受潜在病原体侵害方面的重要作用。艾滋病患者饱受来自病毒、真菌、寄生虫和细菌的机会性感染的蹂躏，而这些感染在健康、未感染艾滋病病毒的人身上通常会得到阻止与控制。同样类型的感染，折磨着那些出生时就携带了会导致免疫系统发育不健全的基因突变的儿童（比如“气泡中的男孩”），还有那些接受某种抑制免疫系统的化疗的患者。

每天，我们都被潜在的敌人所包围、遮蔽和渗透。长大成人时，我们体内和身上的细菌细胞比我们自身的细胞还要多。我们身上的细菌大约有 1 000 多种，这些细菌和约 80 种真菌一起构成了人类的“微生物群系”。我们还会接触环境中的、土壤中的、土壤上生长的食物中的、家畜身上的各种微生物，以及其他微生物。免疫系统最强大的力量，是它对几乎任何外来的入侵者——细菌、病毒、真菌或寄生虫，做出反应的能力，以及专门针对外来入侵代理人——“抗原”产生抗体的方式，来识别任何外来的蛋白质或碳水化合物。没错，它同样会识别 SARS-

CoV-2 这样的新病原体。

一个人可能遇到抗原的范围如此巨大，免疫系统需要数以百万计甚至数以千万计或数以亿计的不同抗体，才能一一识别它们。而这正是生物学中一个最大谜团的关键所在：免疫系统如何识别并防御几乎所有以各自的方式前来的入侵者？

雅克·莫诺认为这个问题很重要，于是在《偶然与必然》一书中提出了这个问题。几十年来，研究人员一直没有找到基本的机制。莫诺有生之年没能得到答案，关键性突破就出现在他去世之后。

他应该会为这个新发现感到高兴：免疫系统的强大功能是由随机因素和我们在图 5-6 中看到的那类阶梯所驱动的。每层台阶的上升段对应某些只在免疫细胞内发生的突变；而每一层台阶的前进段则对应对这些细胞的选择。我会先大致介绍整个过程，然后详细介绍每层台阶的上升段和运行段。我们可以从组合数学中获得更大的启示。

免疫反应的一个主要分支是一类名为 B 细胞的血白细胞，另一个主要分支是名为 T 细胞的白细胞。你可以把这些细胞想象成你的身体用于对抗外来入侵者的士兵。B 细胞经历一系列步骤，最终会分泌抗体蛋白，你可以把这些抗体蛋白想象成化学武器。它们通过与特定抗原结合而发挥作用。这种结合有助于阻止、杀死或清除体内的异物。

B 细胞主要存在于脾脏和淋巴结中，并且数量巨大。B 细胞免疫反应的早期步骤是，当 B 细胞表面的抗体受体识别抗原——与之结合时，

B 细胞即被激活。只有极少数 B 细胞能识别所有种类的抗原。当它们识别抗原时，就会被触发并迅速繁殖，数量急剧增加，一个细胞一周内大约可以产生 4 000 个细胞。这一过程被称为“克隆选择与扩增”（稍后你就会理解这个术语的含义），并且形成第一层台阶（见图 6-3）。

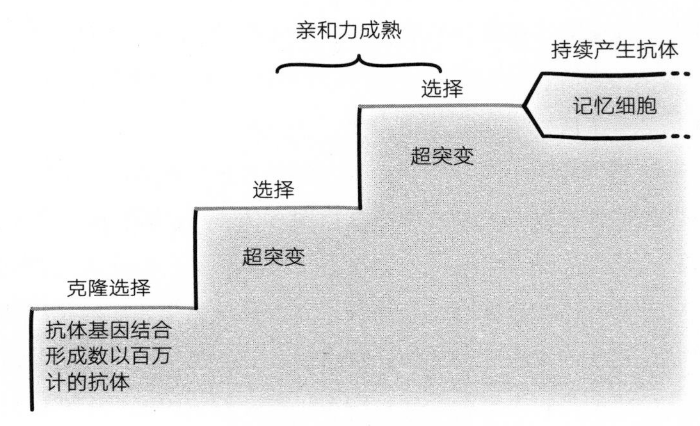

图 6-3　自卫的阶梯

注：一轮轮的随机遗传事件和选择产生了针对特定抗原的抗体。在第一个上升段中发生的是：在发育着的 B 细胞中，抗体基因通过随机组合基因片段进行组装。第一个前进段是单个 B 细胞与抗原结合而形成的。这些克隆体随后被激活并在一个名为克隆选择的过程中繁殖。在这些克隆体中，抗体基因经历了更多轮突变——超突变，对应第二个和第三个上升段。那些对抗原具有较高亲和力的抗体会被选出，在一个名为“亲和力成熟”的过程中继续扩增。然后，阶梯就分成了两部分：有些 B 细胞继续产生大量抗体，有些则成为记忆细胞，以后再次遇到抗原时，这些记忆细胞就会扩增。

资料来源：Kate Baldwin.

接下来，随着 B 细胞克隆体的繁殖，B 细胞中会发生突变，从而增加受体与抗原结合的强度。这是阶梯的下一个上升段。然后，那些与抗原结合力更强的克隆体在一个名为“亲和力成熟”的过程中扩增。这是阶梯的第三个前进段。之后，阶梯分成了两部分。一些 B 细胞继续以很高的速度分泌抗体，每秒高达 2 000 个分子并持续数天。由于 B 细胞呈指数级扩增，抗体产生率较高，人体可以在一周左右的时间内与迅速繁殖的入侵者展开激烈的战斗。重要的是，其他 B 细胞变成了可以存活很多年的“记忆”细胞，当第二次遇到抗原时，它们的反应会更加迅速和有力（见图 6–3）。这就是为什么我们通常不会再次被同一种微生物感染。

为了能够挫败任何潜在的敌人，人体需要一支 B 细胞大军来制造针对不同抗原的抗体。这就带来了一个巨大的谜团：免疫系统如何能制造出数百万个不同的 B 细胞，而且每个 B 细胞又能制造不同的抗体？

免疫力的兵工厂

我们需要认识到这样一个重要的问题：抗体是如何与抗原结合的？

抗体是由 4 条蛋白质链组成的 Y 形分子，包括两条较长的“重”链和两条较短的“轻”链（见图 6–4）。Y 形是由蛋白质链的组合方式所致。重链和轻链彼此相连，重链本身也连在一起。在重链和轻链结合的地方，形成了一个口袋，这就是与抗原结合的地方。每个抗体分子有两个这样的抗原结合点位，Y 形的两臂上各有一个。抗体的特异性由抗原结合点位上的氨基酸序列决定。不同的抗体在其抗原结合点位上有着不同的氨基酸序列，因此抗体多样性之谜可以归结为，免疫系统是如何生成数百万个抗原结合点位上的不同氨基酸序列的。

抗体是蛋白质，因此它们是由基因编码的。这关键的、长期难以捉摸的谜团是，基因组是否包含数百万个抗体基因，即数百万个重链和轻链基因，或者在 B 细胞发育过程中是否发生了一些事件，导致从数量较少的重链和轻链基因中产生了多种抗体。

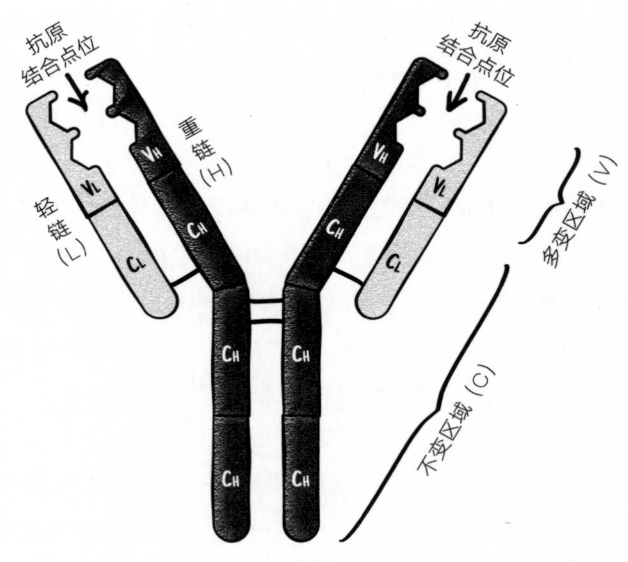

图 6-4　抗体的结构

注：抗体由 4 条蛋白质链组成：两条重链（H）和两条轻链（L）结合组成 Y 形分子。在 Y 形的两个端头，两条链形成了一个口袋，这里就是抗原结合点位。每一条链的这两个部分在序列上更为多变，被称为多变区域（V）；每个链的其余部分基本是不变的，被称为不变区域（C）。多变区域是由基因片段组合而成的。

资料来源：Kate Baldwin.

一旦科学家掌握了基因克隆和 DNA 测序，就可以了解抗体基因的结构。利根川进（Susumu Tonegawa）在 1976 年取得了突破，他发现抗体基因是在 B 细胞形成时通过重新排列 DNA 片段而组装在一起的。利根川进后来获得了诺贝尔奖，因为他深刻理解了少量的基因片段是如何以不同的方式结合起来，进而产生大量不同的抗体的。

例如，轻链是由 V、J 和 C 这三个基因片段组装而成的。重链基因位于与轻链基因不同的染色体上，由 V、J、C 和第四个被称作 D 的基因片段组装而成。在任何一个 B 细胞中，只有一个功能性轻链基因和一个功能性重链基因被组装在一起，因此每个 B 细胞都是一个基因克隆体，可以产生一种单一形式的抗体。

人体潜在的抗体基因总量有一个相当简单的计算方法，类似于计算纸牌游戏中可能的出牌组合数量，或精子以及卵子中染色体组合的数量。给出每一种花色的牌数和花色数，我们就可以计算出一个人可以随机抽到 3、4、5 张牌的不同组合数。

抗体基因也可以通过这种方法进行计算。只要知道有多少个 V、J 或 D 基因片段，并且每种类型的基因片段中有一个是随机组合的，我们可以计算出可能的重链和轻链的数量。C 区域对其他抗体功能很重要，但对抗原结合没有贡献，因此在计算组合数量时不考虑它们。

我来详细解释一下算法，如果你的眼皮已经开始打架，就想想洗牌吧。想想一个人从 2 张、3 张或更多的牌中，能随机抽出多少种不同组合的牌。

例如，人类有 51 个重链 V 片段、27 个重链 D 片段和 6 个重链 J 片段。因此，如果将这些片段中的每一个片段随机地与其他片段组合在一起组装成重链，人类就可以产生 51 × 27 × 6=8 262 条不同的重链。仅仅由 51+27+6=84 个基因片段就组成了大量的重链。

对于一种类型的轻链，人类也有 40 个 V 片段和 5 个 J 片段，对于第二种类型的轻链，人类有 30 个 V 片段和 4 个 J 片段。同样，这些也是随机组装的，会产生 40 × 5=200 个不同的第一类轻链，30 × 4=120 个不同的第二类轻链。由 79 个基因片段组成了 320 条轻链。

再进一步计算，我们就能得到可能的抗体总数。这与计算一对夫妇可能生下的婴儿数量非常相似，因为就像精子和卵子的结合一样，单个轻链和单个重链蛋白质的结合产生了抗体和它们的抗原结合点位。给定的 B 细胞会制造哪个轻链和哪个重链是随机的，因此，如果使用所有可能的组合，则其总数为 320（轻链）× 8 262（重链），也就是会产生超过 260 万种不同的人类抗体。所有这些“弹药”都来自仅仅 163 个基因片段，即 84 个重基因片段和 79 个轻基因片段。这意味着人体可以产生的抗体数量是其基因组中的基因片段数量的 10 000 倍以上。

我们来做个比较，从一副标准的 52 张扑克牌中抽出 5 张扑克牌的组合总数也差不多为 260 万种。

但事实证明，这个令人印象深刻的数字实际上低估了可能的抗体数量。组装基因片段的机制在其中起了一定的作用，因此基因片段之间的连接并不精确。由此在连接处引入了额外的 DNA 序列的变化，这样一来，抗体多样性变成了原来的许多倍。人体每天产生大约 10 亿个新的 B 细胞，这足以确保其中包含了几乎所有可能的抗体类型。

然而，如果再将抗原考虑进来，被激活的 B 细胞就又变了一个基因的戏法。重链和轻链 DNA 序列的可变区域发生进一步突变的速率是其他 DNA 序列背景突变率的 100 万倍。这种突变被称作"体细胞超突变"，对应阶梯中第三个台阶的形成过程。这一过程进一步扩大了抗体"兵工厂"的规模，使得抗体的多样性至少是原来的 10 倍。

就这样，3 种随机的机制形成了抗体的多样性：基因片段的随机组装和连接，轻链和重链的独立组合，以及体细胞超突变。总的来说，据估计，人体至少可以产生 100 亿种不同的抗体。[23]

自卫的阶梯说明了我们为什么要接种疫苗。人体开始产生抗体需要几天的时间，建立记忆则需要更长的时间。通过让人们接触来自微生物的非活性抗原并形成记忆细胞，接种疫苗的人在将来接触病原体之前已经提前做了两步工作，这就是他们要么不会感染，要么感染后经历的身体反应更为温和的原因。这一阶梯还显示了为什么我们有时故意诱导动物产生抗体，以确保在紧急情况下能够立即产生抗体，比如被蛇咬伤的时候。

杰米·库兹死后，他 21 岁的儿子科迪接任教会牧师的职务，并延续了抓蛇的传统。4 年后，科迪在一次仪式中手抓一条响尾蛇时，被那条蛇咬中了右耳上方，刺穿了太阳穴附近的动脉。他流了很多血，仍勇敢地试图继续抓着蛇布道，但最终不得不被抬出教堂。他挣扎着呼吸，要求被抬去附近的山顶，以便让上帝决定他的生死。

他的一个会众没有这么想，而是把他送到了附近的医院，急诊室的工作人员为他呼叫了急救飞机进行紧急抢救。他们打开了科迪的呼吸道，然后把他空运到田纳西州的一个医疗中心，并不确定他是否能活下来。在那里，医护人员为他使用了生命支持系统，并给他注射了抗蛇毒血清，它由抗蛇毒毒素的动物抗体制成，从而可以中和并清除蛇毒。[24, 25] 在重症监护室里与蛇毒抗争了 10 天后，科迪挺了过来。

出院后仅仅一周，他就回到教堂重操旧业，继续抓蛇。

当然，他这是在撞大运，但我将在第 7 章中展示，其实我们都是。

A SERIES
OF
FORTUNATE
EVENTS

第 7 章

一系列不幸事件

每个人都会死，但很少有人愿意接受这一事实。

雷蒙·斯尼奇（Lemony Snicket）

《斯尼奇的不幸历险》（*The Austere Academy*）

美国作家、编剧

1972年的一个春日，作为阿巴拉契亚山脉的一部分，弗吉尼亚州中部的蓝岭山下着小雨。资深公园护林员罗伊·沙利文（Roy Sullivan）在谢南多厄国家公园洛夫山露营区的登记站工作时，突然听到震耳欲聋的巨响。

“这是我听过的最响的声音，”沙利文后来告诉当地记者，“大火突然在登记站里烧了起来，当我的耳朵不再嗡嗡响的时候，我听到有东西在嘶嘶作响，是我的头发着火了，火焰有15厘米那么高。”[1] 沙利文用自己的夹克扑灭了火焰，冲进洗手间给烧伤的头皮降温。

沙利文很幸运，没有受到更严重的伤害。被闪电击中的人，大约10%会因此丧命，因为闪电可能会产生超过一亿伏特的电压。[2] 但让沙利文显得更幸运的是，这不是他第一次遭遇电击，不是第二次，也不是第三次。这是他职业生涯中第四次遭遇电击，也是四年中的第三次[3]，所有这些电击都发生在这个国家公园里。

第一次发生在30年前，当时沙利文赶上了一场大雷雨，他正跑着远离消防瞭望塔。电击把他制服的右裤腿烧掉了大约 2 厘米，把它大脚趾的指甲都打掉了。第二次发生在 27 年后，当时他正驾驶公园里的一辆卡车，行驶在谢南多厄以风景优美著称的天际大道上。闪电穿过开敞的车厢，烧掉了他的睫毛、眉毛和大部分头发，烧焦了他的手表，并且令他失去了知觉。他的卡车翻滚到了悬崖边才停了下来。第三次电击发生在一年后，闪电从变压器上反弹下来，把沙利文击倒在他的花园里。

在他第四次被闪电击中时，已知世界上只有两个人曾被击中过三次。而且这两个人都在第三次电击中丧生了。随着沙利文的四起电击事件得到公园管理部门或医生的证实，这位 60 岁的护林员为作为唯一一位被闪电击中四次还活着的人被列入《吉尼斯世界纪录大全》，赢得了“人类避雷针”[4]“闪电人”“火花护林员”等称号[5]。

人们经常问沙利文：“为什么是你？”他把自己的“运气”归功于上帝，但他承认，自己不明白为什么上帝如此频繁地把他挑出来。显然，上帝还不满足，因为在沙利文从公园管理局退休之前，于 1973 年和 1976 年，又被闪电击中了两次。然后在 1977 年，沙利文在捕鱼时再次被闪电击中并被烧伤。[6]

沙利文之所以遭遇如此多次电击，一个合理的解释是，被闪电击中是一种职业性危害。各种不同的工作都会增加某些危险：拳击手被拳头击中，传教士被响尾蛇咬伤，公园护林员被闪电击中。

活见鬼！原来活着就会遭受职业性危害（见图 7-1）。

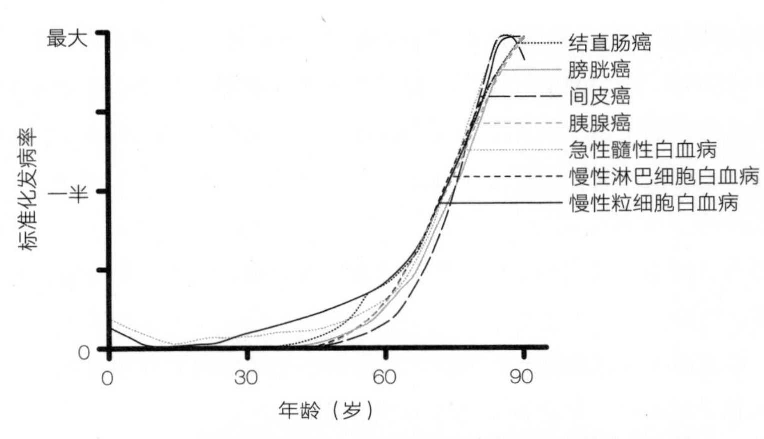

图 7-1　随着年龄的增长，癌症的发病率变成了之前的 100 倍

资料来源：Kate Baldwin 根据 DeGregori 2019 年的数据绘制。

这条曲线反映了癌症的发病率在 30 ～ 75 岁大大增加，后者是前者的约 100 倍[7]；大约每 5 个人中就有两个会在有生之年患上癌症。[8]

这种模式最早是在约 70 年前被发现的。与此同时，流行病学家正在收集第一批强有力的证据，以期证明癌症与某些生活习惯或工作之间的联系。从那以后，研究人员一直在尝试弄清楚癌症形成的原因和方式。随着年龄或某些行为的增加，人们患癌的可能性也会增加，不过并不是每个人都会患上这种疾病，这些事实令早期的研究人员想到，这里面一定有着很强的偶然性因素。

在本章中，我们将提出这样的问题：癌症在多大程度上是由坏的基因、坏的习惯或坏的运气造成的？

"好极了！我就在等他患上癌症呢！"你首先想到的是这样吗？当然，这不是一个愉快的话题，但我们将明确地看到，为什么癌症是我们由偶然驱动的生活的一部分，一个完全相同的过程是如何既能带给我们幸运，也可以给我们带来不幸的。

我已经描绘过一幅在人类性腺中进行的游戏和生命受孕时如同彩票抽奖的画面。好吧，在你身体中几乎全部37万亿个其他细胞中，还有另一场赌博游戏正在展开。现在你体内的一个细胞很有可能在某一天会杀死你。我猜你一定会想知道这是怎么回事。

偶然的故事中讲到了这一节，你应该已经做好了充分的准备，可以去理解一些现在已经熟悉的现象，即"随机突变和选择"是如何创造出一个关于癌症的阶梯。你学到的一些东西也许能帮助你或你所爱的人远离这一阶梯。

癌症发病的阶梯

引起流行病学家注意的，不仅仅是癌症发病率随着年龄的增长而增加这一事实。癌症发病率曲线的曲率是呈指数级上升的，这意味着癌症的数量在以比年龄增长更快的速率增加。为了弄清这个比率以及它的含义，流行病学家应用了指数的逆运算，即对数。当这些早期的研究人员绘制各种癌症死亡率与年龄对数的关系图时，他们发现几种不同的癌症之间有着一种非常一致的数学关系：每种癌症的死亡率都是年龄的6次方，它们之间的关系可以用函数来表示（见图7-2）。

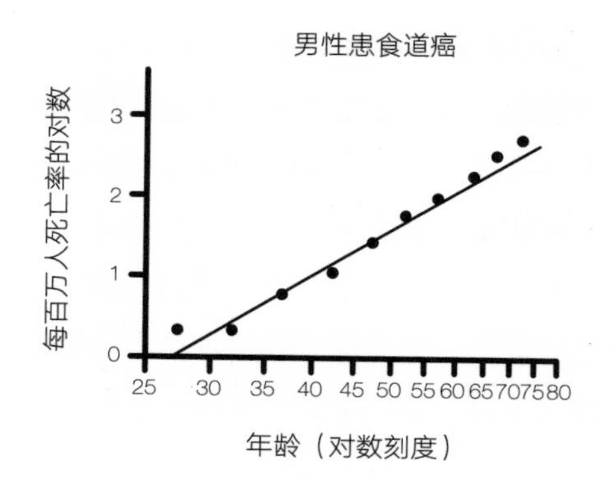

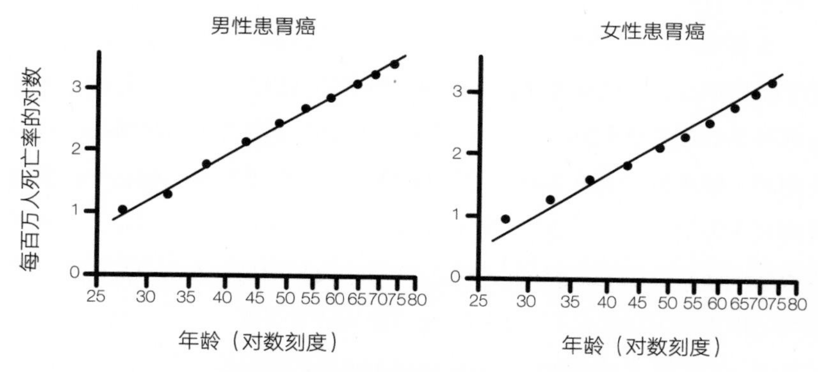

图 7-2　癌症死亡率是年龄的 6 次方函数

注：不同种类的癌症的发病率与年龄均呈现函数关系，即发病率为年龄的 6 次方，因此早期的研究人员认为癌症的起源涉及一系列突变。

资料来源：Kate Baldwin 根据 Armitage 和 Doll 1954 年的数据绘制。

为什么是 6 次方？这可能意味着什么？

如果癌症是一种“一次性打击”现象，像是被雷电击中，或是被毒蛇咬伤那样，人们可能就会认为不同年龄段的人遭遇同样的打击概率应该相同。但由于癌症发病率以年龄的 6 次方成比例增加，这表明这种风险是累积的，这是一个多次击打的累积过程。[9] 这种关系在人们在了解了 DNA 的结构、揭示了突变的本质之前就已经观察到了，一些流行病学的先驱者大胆地提出，癌症是细胞内一系列连续突变的结果，这些突变随着年龄的增长而累积。基于许多癌症发病率满足年龄的 6 次方函数这一发现，他们做出了更大胆的推断，这些癌症可能是 6 ～ 7 个特定的连续突变的结果。

根据这一设想，研究人员描绘了一个迭代过程：一个初始突变发生在单个细胞中，然后该细胞增殖；后来，增殖的这些细胞中的一个发生了第二次突变，接着是它们再次增殖；然后发生第三次突变，以此类推。他们认识到，如果每一个突变都比正常细胞有一定的生长优势，那么它们就会长得比正常细胞更快，最终会比正常的组织长得更快，也就是说，表现得像癌症一样。在接下来的几十年里，针对人类和动物肿瘤的研究表明，来自同一肿瘤的细胞通常有一些明显的染色体异常，这支持了肿瘤起源于单个细胞的初始突变这一观点。也就是说，肿瘤是基因的克隆体。[10]

这也意味着癌症是另一个阶梯，新的突变提供了每一个台阶的上升段，选择则通过在下一个上升段发生前，繁殖包含每一个新突变的细胞克隆体，推动每一步的前进（阶梯的前进段，见图 7-3）。

不过，这个阶梯只是癌症形成的一个概念性的简略图。科学家和内科医生们迫切想知道的是启动每一步突变的特征，以及在每一种癌症形成过程中所需的步数。

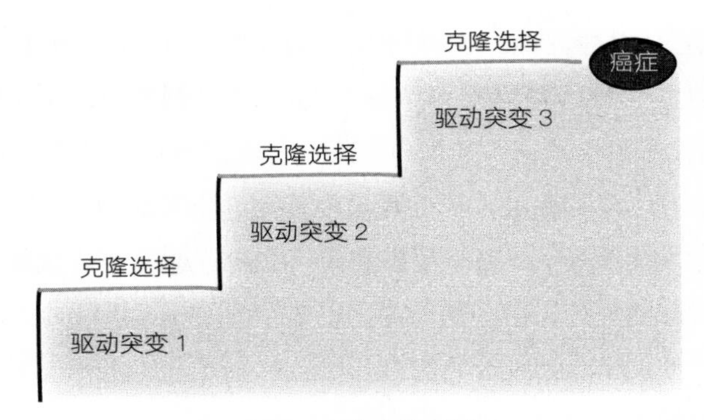

图 7-3　癌症的阶梯

注：癌症是一个多发过程。驱动基因的初始突变（阶梯的第一个上升段）可能会为该细胞的克隆体提供相对于其他细胞的微弱选择性优势（阶梯的每一个前进段）。在初次克隆的细胞中的第二个驱动突变（突变 2）可提供进一步的选择性优势（阶梯的第二个前进段），并且第二次克隆的细胞中的第三个驱动突变（突变 3）可进一步增加选择性优势，直到形成了癌症。

资料来源：Kate Baldwin.

驱动器型基因突变

直到基础流行病学研究进行了 20 年后，研究人员才开始对癌症的遗传学有了初步了解。其中一个主要的开放性问题是，癌症究竟是由一些普遍的异常引起的，比如染色体数目的差异，还是由于特定基因的改变而导致的。首次突破源于研究人员确认了非常特定的染色体重排。研究人员在对患有同一种癌症的患者进行观察时，发现了这种重排是独立发生的。这表明，至少这些癌症是由特定基因的改变而导致的。

最初，没有人知道有多少不同的基因或什么样的基因会导致癌症。

人类基因组中大约有 20 000 个基因，如果这些基因中有很大一部分促成了癌症的形成，那将是一个混乱的局面。最终，随着基因克隆和 DNA 测序技术的出现，一系列与人类癌症相关的基因突变开始被整合起来。经过几十年的研究，研究人员发现癌症患者的基因中大约有 150 个基因经常发生突变。[11] 这个数字表明，在所有基因中只有极小部分基因是癌症形成的关键，这些基因占比不足 1%。

按照功能划分，突变的基因大致可以分为两类。某些基因的突变会增加或改变它们制造的蛋白质的活性，并促进癌症的形成，这些基因被称为致癌基因。在其他癌症中，某些基因由于突变而被删除或失去活性，这表明它们制造的蛋白质的正常功能是抑制细胞生长，这些基因被称为抑癌基因。

还可以用其他方式来描述这两类基因：假设一辆汽车的行进速度失去了控制，存在两种可能的原因：一种是加速器卡壳，另一种是制动器失灵。致癌基因的突变会导致加速器卡壳，而抑癌基因的突变会使制动器失灵。这两种类型的突变都会导致癌症的形成，因此它们通常被称为“驱动型”基因突变。

制造麻烦并不需要太多额外的速度。如果一个驱动突变相对于其他细胞只提供了很小的选择性生长优势，甚至不到 1%，那么这种微弱的优势日积月累，持续多年后就可以创造出数十亿个细胞。

理想的情况是，有朝一日可以检测到任何肿瘤中所有潜在的驱动突变，并将突变与肿瘤的性状相关联。这一天已经来了，比预期的要早得多，前景既有启发性又发人深省。

癌症的发生是偶然的

DNA 测序所需时间和成本的急剧减少，从 10 年前的每名患者需 10 万美元减少到今天的不足 1 000 美元，从而大大促进了对癌症的基因分析。经过不同国家科研人员的努力，以及国际间合作的开展，数以万计癌症 DNA 序列的“图谱”得以建立。

研究人员和临床医生的任务是梳理癌症的 DNA 序列，以发现驱动突变。每个驱动基因的状态是通过检查其序列的完整性来评估的。通过分析许多癌症的序列，某些驱动突变和某些癌症之间表现出特定的关联。例如，某些类型的白血病几乎总是与一个特定驱动基因的突变有关，结直肠癌和儿童视网膜母细胞瘤也是如此。其他驱动突变，出现在很大一部分癌症中，表明它们在某种程度上促进了癌症的形成。通常，存在不止一个驱动突变。大多数肿瘤都有 2 ～ 8 个驱动突变，它们中通常既有使加速器卡壳的，也有使制动器失灵的。[12]

多种驱动基因突变有力地证明了癌症通常是一个多次激发的过程。但这并不是我们能从癌症基因组中搜集到的唯一信息。驱动突变并不是任何特定癌症的唯一突变。事实上，它们通常只是突变中的极少数。

图 7-4 描绘了人们从最罕见到最常见的各种癌症中，发现的蛋白质发生改变的突变总数。

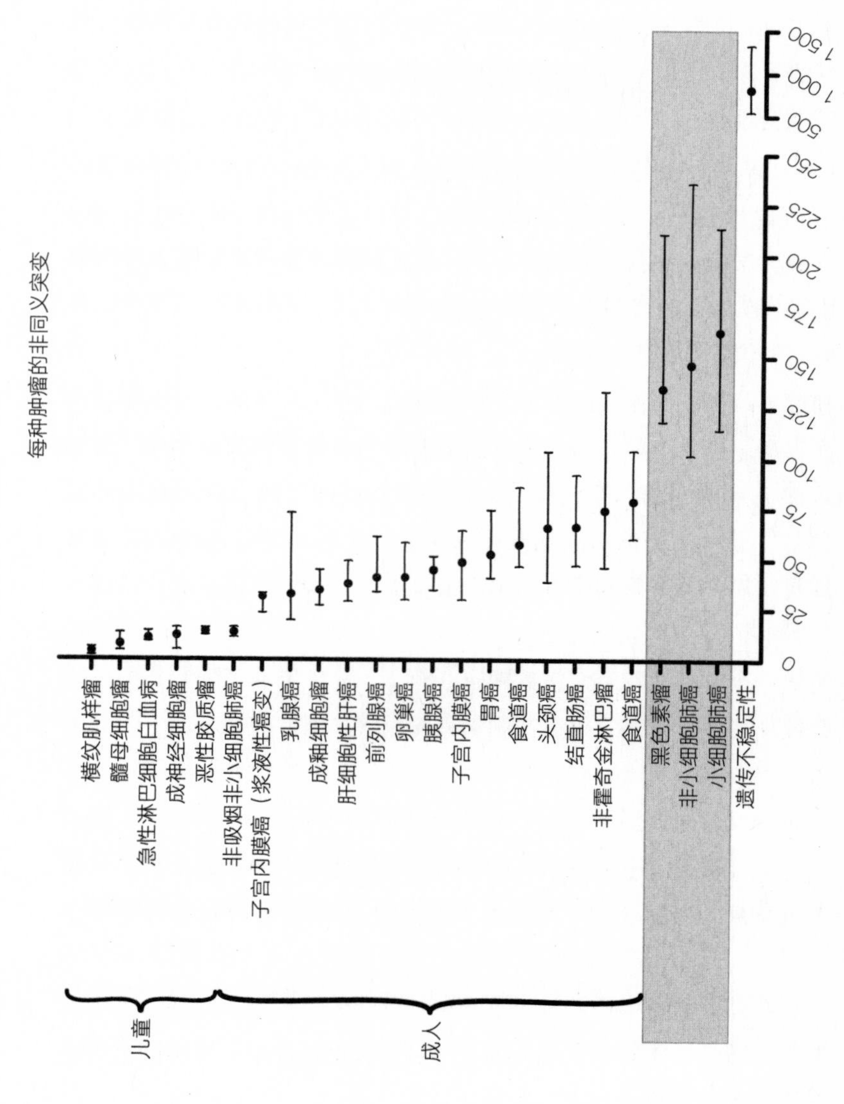

图 7-4　不同的癌症包含不同数量的突变

资料来源：Kate Baldwin 根据 Vogelstein 等人 2013 年的数据绘制。

总的来说，癌症中非沉默突变的数量从少于 10 个到超过 200 个不等。大多数突变发生在驱动基因之外，表现出很大的随机分布特性，且与癌症的形成并无关。这些突变被称为“乘客”突变，因为它们仅仅是伴随着癌症发生的。结果发现，乘客突变的数量对于癌症的形成至关重要。

我们从左边开始看看这张图。请注意，儿童肿瘤的突变数量是所有癌症中最少的。大多数成人实体瘤的平均突变数一般为 15 ～ 75 个，有几种肿瘤的突变数超过 125 个。

在我往下解释之前，请先看看图 7-4 底部的肿瘤类型。花点时间想一想，为什么某些肿瘤会落在那里。

现在让我们做一些具体的比较。

让我们从成人和儿童的模式比较开始。为什么成人肿瘤会携带更多的乘客突变？最简单的解释是，在成人细胞中发生的癌症比在儿童中发生的癌症经历了更多轮的 DNA 复制，因此积累了更多的突变。

但是成人癌症之间的区别呢？看看成人肿瘤范围的两端。我们在每一端都发现了肺癌的突变，但在从不吸烟的人中发生的突变数量较少，少于 15 个。[13] 而吸烟的人其肿瘤发生突变的数量是不吸烟的人的 10 倍——在被称为小细胞癌和非小细胞癌的两种不同类型的肺癌中。我们怎样解释这种差异呢？

香烟烟雾中含有几十种化学物质，这些化学物质可以改变或破坏DNA。[14] 吸烟人群与不吸烟人群相比，其肺癌中乘客突变的平均数量更多，这表明吸烟增加了突变的频率。事实上，肺癌包含的突变比所有其他癌症都多，只有一种例外（见图 7-4）。

这种癌症的身份也很有启发性：黑色素瘤。皮肤癌与更多的阳光照射有关。皮肤癌多发于生活在阳光充足气候条件下的白种人身上，如南非、澳大利亚和亚利桑那州等地的人。太阳会产生紫外线辐射，紫外线被证实会引起 DNA 的损伤和突变。因此，黑色素瘤中大量的乘客突变反映出，像吸烟者的肺细胞一样，这些细胞长期接触诱导突变的物质的概率要大得多。

事实上，现在我们已经能够快速分析单个细胞的 DNA。研究人员已经利用这一技术，看看是否能检测到正常组织中的驱动突变，以追踪癌症形成的早期局部事件。看英国研究小组分析了接受过整形手术的人眼睑的正常皮肤组织，发现这些细胞中含有大量的突变，其中约 1/4 的细胞带有一种潜在的驱动突变。[15]

肺癌、黑色素瘤、甚至正常皮肤组织中的大量突变是吸烟和阳光照射增加癌症风险的有力证据。突变在整个基因组中随机发生[16]，但细胞 DNA 中发生的突变越多，一个驱动基因被击中的概率就越大，然后是第二个驱动基因，以此类推。

一类特殊的驱动突变也生动地说明了突变数量与癌症可能性之间的关系。一些癌症包含大量的突变（500 ～ 1 500），图 7-4 中最右侧的几种癌症就属于这种情况。结果发现，这些肿瘤在编码蛋白质的基因上有突变，而这些蛋白质是负责检测和修复 DNA 损伤的。[17] 因此，这些肿瘤的整体突变率要高得多，而且它们更有可能获得额外的驱动突变。

现在我们可以理解为什么患癌症的风险会随着年龄的增长而增加：细胞经历的分裂越多，积累的突变就越多。但是癌症的发生是偶然的，不是必然的。这是一个 DNA 随机突变发生在哪里的问题。大多数细胞不会发生驱动突变。

与偶然进行斗争

关于癌症的病因，这些新知识究竟告诉了我们什么？嗯，那要看你问的是谁了。遗传学家会说，驱动突变会导致癌症，这是事实，但这对于我们如何生活以及如何照顾我们的亲人不一定有帮助。更相关和紧迫的问题是，是什么导致了这些驱动突变？我想分三个部分来回答这个问题。

答案的第一部分来自图 7-4 显示的儿童肿瘤。它们携带了少量的、恰好激发了驱动基因的突变。这种突变的成因与生活方式无关，它们只是可怕的厄运的结果，幸好这种情况相对罕见。你唯一能为这些孩子的家长做的就是使他们确信，这样的结果并不是他们做的任何事情造成的，他们没有办法来防止这种事情发生。

答案的第二部分来自肺癌、皮肤癌和宫颈癌。这些癌症也包括运气不好的因素，但显然人们有办法远离这些癌症的阶梯。例如，吸烟会使一生中患肺癌的风险放大 10 ～ 20 倍。[18] 正如库尔特 · 冯内古特所说："公共卫生当局从未提及许多美国人吸烟过量的主要原因，那就是吸烟是一种相当有把握、相当体面的自杀方式。"[19] 同样，每年被诊断出患有皮肤癌的人比患其他癌症的人的总数还要多，但各种研究发现，在高危人群中经常使用抗紫外线的防晒霜，可以降低皮肤癌的发病率。[20] 我们都应该听从冯内古特曾经对应届大学毕业生提出的建议："使用防晒霜！不要抽烟。"[21] 类似的还有，绝大多数宫颈癌以及许多口腔癌、头颈癌都是由人乳头瘤病毒（HPV）感染引起的，而这种病毒现在基本上可以通过接种疫苗来预防。

答案的第三部分来自图 7-4 中的大多数成人肿瘤。这些癌症中突变的数量反映出突变是无法阻挡的，是生存和复制 DNA 不可避免的副产品。虽然有一部分受生活方式和环境因素的影响，但大多数成人癌症也主要是因为运气不好，也就是遇上了一系列不幸事件，但同时也是长寿的好运带来的后果。

但最重要的问题是，一旦患上了癌症，知道这一切对于抗击癌症有什么帮助吗？非常好的消息是，这种关于偶然突变的新知识带来了新的力量和新的希望。冰川期的混乱所塑造出的大脑袋猿猴正在利用这个超大的器官与偶然进行着抗争。

25 年前，我们不知道去哪里寻找大多数癌症的驱动突变，而且即使知道，我们基本上也无能为力。但从 1998 年开始，科研人员发明了一类新药，可以精确瞄准由驱动突变产生的特定分子。如今，有几十种药物能够抑制会导致 30 多种癌症的分子的生长和扩散，还有更多的候选药物正在研究中。[22] 因此，如果雷电来袭，我们幸存下来的概率就会越来越大。

A SERIES OF FORTUNATE EVENTS

后　记

关于偶然的对话

老虎会去捕食，鸟儿振翅飞翔；
人坐着思考：“为何，为何，为何？”
老虎要去睡觉，鸟儿总要归巢。
人终会觉得自己明了。[1]

库尔特·冯内古特

《猫的摇篮》（*Cat's Cradle*）引自《博克农之书》（*The Books of Bokonon*）

美国作家

库尔特·冯内古特在其准自传体小说《闹剧》(*Slapstick*)中，讲到他的姐姐爱丽丝在 41 岁时死于癌症。[2] 就在注定成为她生命的最后一天，他和他的大哥伯纳德去看望了她。

“如果不是因为一个细节的话，她的死在统计学意义上是毫不起眼的，那就是：她的丈夫詹姆斯·卡马尔特·亚当斯(James Carmalt Adams)是位编辑，就职于位于华尔街的一家关于采购代理商的行业杂志社，终日劳作于格子间。他身体健康，却在两天前去世了。[2] 他所搭乘的堪称“经纪人专列”的列车遭遇了美国铁路史上罕见的一次事故：吊桥没合拢，列车一头栽了下去。

“想想看。”

“这真就发生了。”

尽管这位伟大的幽默作家在他的故事中编造过许多荒唐的情节，但他所说的火车失事确有其事。1958 年 9 月 15 日上午，新泽西中央铁路公司的一班通勤列车载着约百名旅客如常驶往泽西城。不知何故，该列车在缓慢地驶过 3 个信号灯和一个自动脱轨器后，又继续行驶了大约 168 米后，从敞开的吊桥上跌落了 15 米。5 节车厢中的两节掉入水中，第三节车厢挂在空中晃了两个多小时。[3] 尽管救援人员尽力施救，但仍有 48 人死亡，其中就包括冯内古特的姐夫。

鉴于姐姐病情严重，她又非常担忧在其身后丈夫将独自抚育 4 个年幼的孩子，冯内古特和他的大哥决定不告诉她这一噩耗。事不凑巧，她从一位病友递过来的报纸上发现，丈夫的名字赫然出现在死亡或失踪者名单中。冯内古特描述了她的反应，以及他自己的反应：

> 爱丽丝从未接受过任何宗教上的指引，为人处事又无可指摘，于是坚信这一厄运完全出于意外，是交通繁忙路段发生的一桩意外事故。[4]
>
> 她真了不起。

确实，在一个非常繁忙的地方发生的事故。前文详细讲过，无论是作为生物种群，还是就每一个体而言，我们自己是通过一系列的偶然事件而得以出现在这个世界上，这些偶然因素既有宇宙和地质方面的，也有生物学方面的。我们还清楚了，有些人为何及如何因为偶然事故而离世。

这个由偶然驱动的世界深刻地启示着我们。[5] 我们惊讶地发现，无从察觉的偶然造就了生物圈中所有新奇性、多样性和美丽。我希望你们对小行星、移动的地壳构造板块和仅仅由 4 个碱基组成的纤维状聚合物所产生的效果感到惊奇。

但这种由偶然驱动的存在也展现出一种令人不安的困境，即我们生活的世界可能并非最好的那个，而可能是小说家克里斯蒂安·琼格森（Christian Jungerson）所说的那种世界："随机且无情、异常混乱，以及注定脆弱的生命"。当然，这种观点也粉碎了我们的传统信仰，即人类注定会在更为宏大的体系中占有一席之地。

正如莫诺的批评者所谴责的那样，偶然性让上天失业，或者至少是失去了传统上我们分配给祂的许多工作。上天没有介入优选精子与卵子的孕育过程，也没有插手对生物的DNA和性状的基因工程事务，更遑论控制气候、癌变或病毒大流行等方面了。

面对这种说法，否认偶然性无疑是一种很直接的办法。但是，如果我们有勇气认同偶然性的普遍作用，那么，有些问题就很有挑战性了，它们事关我们生存的意义和目的：如果我们是因为偶然性得以出现，而非有意设计，那么我们应该干些什么？基于这种认知，我们又该如何生活？

我的第一反应是去拉来麦科伊博士（《星际迷航》（*Star Trek*）中的"老骨头"）并恳求道："该死的，吉姆，我是科学家，而不是哲学家。"我想这些问题应由我们每个人自己决定。但由于这是后记，而且可能有人期待我的看法，那么借助一些我喜欢的思想家的看法，我也来谈谈自己的观点。

在冯内古特的作品中，我们这个由偶然性驱动的世界和人类对生命意义的苦苦追求是反复出现的主题。就在姐姐爱丽丝死后，冯内古特写了他的第二部小说《泰坦的女妖》（*The Sirens of Titan*），这部小说以未来为背景，开头写道：

> 现在每个人都知道如何从自己内心深处找到生命的意义。[6]
>
> 但人类并不总是那么幸运。不到一个世纪以前，男人和女人还无法轻易地解读自我。
>
> 他们甚至不知道 53 个灵魂门户中的任何一个。
>
> 金玉其外的宗教那时还是笔大生意。

小说两个主角之一温斯顿·拉姆福德（Winston Rumfoord）建立了一个名叫“完全漠不关心”的上帝教会，其主要教义是：“弱小的人不能做任何事来帮助或取悦全能的上帝，而运气不是上帝的手。”[7] 当小说中的第二主角马拉奇·康斯坦特（Malachi Constant）被从地球绑架走而后重返地球时，他宣布了教会的中心主题之一：“我是一系列意外的受害者，我们大家都是。”[8]

冯内古特的书让我认识到，除了科学家，幽默作家和喜剧演员似乎最不愿意认为一切事出有因，他们更愿意相信不可知的偶然在主宰世界。当今许多优秀的喜剧演员都是如此，比如，塞思·麦克法兰、埃里克·艾德尔（Eric Idle）、比尔·马赫（Bill Maher）、里基·杰维斯（Ricky Gervais）、萨拉·西尔弗曼（Sarah Silverman）、比尔·伯尔（Bill Burr）、埃迪·伊泽德（Eddie Izzard）、刘易斯·布莱克（Lewis Black）等人，以及从马克·吐温、冯内古特再到乔治·卡林（George Carlin）

这些已故的伟人，他们都摒弃了关于人类地位和存在意义的一些传统信仰，并对其中的荒谬性提出了引人发笑的论述。

如此之多很有趣的人，其实，这让我很奇怪，为什么会这样？科学家和喜剧演员之间有什么共同点？为什么喜剧演员会被这些问题所吸引？他们认为我们应该如何面对无处不在的偶然？我决定直接去问问他们中的一些人。

然后我突然想到：把他们聚在一起，而且不仅让他们彼此，还要叫上我崇拜的文学家和科学家，举办一次关于偶然及其所有启示的座谈会，难道不是很有趣吗？我开始想象和这些有趣且聪明的人一起坐在客厅里，让他们轻松地交谈。

从逻辑上讲，这是不可能的，因为其中大多数人都在非常忙碌地写作、表演和巡演，还有一些人已经死了，因此很不方便来参加。我觉得，分享他们共有的幽默与智慧的最好方法，是根据他们告诉我的或对别人说的话来创作一个剧本。接下来的内容就是这场座谈会可能的进程（大多数引述是一字不差的，参见“参考文献”）。

关于偶然的对话

— 人物列表 —

阿尔贝·加缪（Albert Camus）

——作家，哲学家，诺贝尔文学奖得主

里基·杰维斯（Ricky Gervais）

——喜剧演员，《办公室》《来世》的编剧

埃里克·艾德尔（Eric Idle）

——巨蟒剧团创始人，词曲作者

埃迪·伊泽德（Eddie Izzard）

——喜剧演员，专辑包括《不可抗力》

比尔·马赫（Bill Maher）

——喜剧演员，《比尔·马赫实时播》的主持人

塞思·麦克法兰（Seth MacFarlane）

——喜剧演员，动画师，演员，《居家男人》的编剧

雅克·莫诺（Jacques Monod）

——诺贝尔生物学奖得主，《偶然与必然》一书的作者

莎拉·西尔弗曼（Sarah Silverman）

——喜剧演员，专辑包括《尘埃斑点》

库尔特·冯内古特（Kurt Vonnegut）

——作家，著有《泰坦的女妖》《五号屠场》

肖恩·卡罗尔（Sean Carroll）

——主持人，没有获得诺贝尔奖，没有出演过喜剧特别节目

卡罗尔： 谢谢大家来到这里。让我们从谈论你生活中的偶然、意外和“如果……那会……”这一话题作为开始。塞思，我这本书是从你在911那天幸免于难的故事开始的。那次经历影响了你的生活吗？

麦克法兰： 没什么特别的。我不是宿命论者，我不是个虔诚的人。我敢肯定我们一年中有几百次连自己都不知道的幸免于难。你过了一条马路，而如果你两分钟后过马路，你就会被车撞到，但你永远不会知道这一点。我相信这种事经常发生。[9]

西尔弗曼： 我能活着真是太幸运了。[10] 我在2016年得了一个奇怪的会厌炎，我不知道发展下去会怎样，因为我立马就吃药了。但后来我才知道我本来有可能会死的。[11]

卡罗尔： 怎么回事？

西尔弗曼：我都不知道我为什么要去看医生，当时只是喉咙疼而已。[12] 医生看了看我的咽喉，好像说了句："咱们去急诊室吧！"我的气管顶部长了个脓肿，就在呼吸的地方。这个脓肿如果再长大一毫米，就会阻碍我的呼吸，我就会死；要是这个脓肿破了，里面充满的毒素也会杀了我。[13] 当五天后醒来时，我什么都不记得了。[14]

卡罗尔：这次经历对你有什么影响呢？

西尔弗曼：在回家的前两天，我有点像是在从接受药物到缺少药物之间自由落体，麻木地意识到什么都不重要。幸好，随之而来的是令人振奋的启示：什么都不重要。所有这一切也许让我更……我不知道感恩是不是一个合适的词儿，因为它听起来像是陈词滥调。[15]

莫诺：我也很感恩。我曾经拒绝了一次前往北极的航行，结果那艘船沉了。这艘船名叫"波尔库伊帕斯"号？掌舵的是一位著名的船长兼探险家。1934 年，我曾以博物学家的身份乘坐这艘船去过格陵兰岛。两年后，他们又邀请我去。最后一刻，我决定不去北极而改去加利福尼亚。结果这艘船在冰岛附近遭遇飓风而沉没，船上只有一人生还。[16]

卡罗尔：后来在战争中呢？你和阿尔贝都参加了法国抵抗运动。那是非常危险的。

加缪：嗯，是的。是非常危险的，但我还算幸运。[17]

卡罗尔： 怎么会这样？

加缪： 我没有被抓住，但我的很多同志都被抓或被杀害了。引荐我加入抵抗运动的一位女士，在她本该见到我的那一天被捕了，后来被送入了一个集中营。有一次我在街上被拦住搜查，但他们没有发现我身上的文件，否则我会跟那位女士一样，或者更糟。[18]

莫诺： 那时的巴黎到处都有盖世太保，我们从不知道下一次见面会不会是我们的最后一次。[19] 我记得，要去安全屋开会时，我会犹豫："我是该冒着再也见不到家人的危险前去开会，还是应该回家。"在诺曼底登陆的前三天，他们在巴黎抓捕了抵抗组织几乎所有的指挥官。很幸运，我当时正在城外。[20]

冯内古特： 我就被抓了。我是一名陆军侦察兵，在"突出部战役"中被德国人俘虏。我们当时在一条沟里，那条沟差不多有一战的战壕那么深，四周都是雪。有人说我们可能在卢森堡。我们没有食物了。德国人应该能看见我们，因为他们在用高音喇叭向我们喊话。他们说我们的处境毫无希望之类的。[21]

他们发射了 88 毫米炮弹。炮弹在我们头顶的树梢上炸开了，发出巨大的声响。我们身边落满了炸裂的碎钢片，有些人被击中了。然后德国人又高喊着，命令我们出来，我们只好照做了。

他们说战争对我们来说已经结束了，说我们很幸运，说我们现在可以确信自己能活着看到战争结束，这确实是比他们能确信的还要多。

卡罗尔： 你觉得在自己幸运吗?

冯内古特： 可以说是也可以说不是。6 周以后，德累斯顿遭受盟军炮击时，我是被关押在那里的战俘。我们从没期待过能听到盟军的炮声。[22] 城里几乎没有防空洞，也没有军工厂，只有卷烟厂、医院、单簧管厂。然后，防空警报响了，那是 1945 年 2 月 13 日，我们下了两层楼梯，到了人行道的地下，躲进了一个大的储肉柜里。当我们上来的时候，房子不见了。

为了避免引发传染病每天我们走着进城，从地下室和防空洞里挖出尸体并运出去。那就像是一场精心设计的复活节彩蛋搜索活动。25 年后，我写了《五号屠场》。

艾德尔： 我这里有另一个真实的故事，简直可以从库尔特的一本小说中直接找到。我父亲在“二战”后搭顺风车回家时被杀了。

冯内古特： 上帝啊!

艾德尔： 从 1941 年到“二战”结束，我父亲一直在英国皇家空军服役，在惠灵顿轰炸机上担任后炮手兼无线电操作员，他的座位在飞机上是最危险的，但他却一直安然无恙。[23] 1945 年圣诞节，欧洲战争结束 7 个月后，回家的火车都满员了，于是他坐在一辆满载钢材的卡车后部，搭便车回家。在路上，一辆汽车为了避开交通阻塞而突然转向，导致我父亲搭乘的卡车驶出路面，一车的钢材翻滚着压在了他的身上。平安夜当晚他死在了医院里。我当时才 3 岁。

加缪：真可怕。我的父亲也死于 1914 年的马恩河战役。当时我还不到一岁。

杰维斯：很抱歉，伙计们。战争也决定了我的命运，却是朝着相反的方向：我的父母在英国的一次大停电中相遇。[24]

艾德尔：好浪漫啊！

杰维斯：但很久以后我才出世。我比我的三个兄弟姐妹小得多。我记得我在十一二岁的时候问我妈妈："为什么其他人都比我大那么多？"她说："因为你是个错误。"[25]

冯内古特：我们大家都是。

伊泽德：是"二战"，没错，就是"二战"。那是上帝应该降临的时候。[26] 如果他创造了我们所有人，我们疯狂地祈祷，5 000 万人死去，还有那个留着小胡子的白痴，你懂的，那时候上帝该管一管了。

但那并没有发生，所以我想他不会来了。他没有为海啸而来，没有为地震而来，也没有为世界大战而来。

他不会来了。

卡罗尔： 埃迪说到这件事的核心了，不是吗？看起来真的没有人在负责人间的事务，在照看着我们。

这让我想到了一个针对咱们这个群体的关键问题：那么多喜剧演员会得出没有上帝的结论，你觉得是为什么？

艾德尔： 这比较节省时间。[27]

艾德尔： 喜剧一直在讲真话。它就是皇帝的新衣。一切都放在桌面上。40 年后，《布莱恩的生活》（*Life of Brian*）仍在上演……[28]

马赫： 当人们笑的时候，在内心的某个地方，他们知道这可能是真的。[29]

冯内古特： 我同意。讲笑话本身就是一门艺术，它总是源于一种情感上的威胁。最好的笑话是危险的，危险的，因为它们在某种程度上是真实的。[30]

艾德尔： 真相是喜剧的重点。它通常在错误的时间说正确的话。[31]

卡罗尔： 值得研究的可能是，喜剧演员们到底对上帝了解多少？

西尔弗曼： 我不知道上帝是否存在。我的意思是，我无法想象有一个上帝。但我不知道。你也不知道，你知道吗？但如果真的有上帝的话，那就是一个对谋杀、孩子们挨饿，嗯，还有…动感单车课等完全没意见的上帝。我是指，对生活中所有的暴行。[32]

伊泽德： 有宗教信仰的人可能会认为死后才会发生。我的感觉是，如果是这样的话，哪怕只有一个人回来，让我们知道一切都很好，一切都得到了证实，那就太好了。在数以十亿计已经死去的人中，哪怕其中只有一个人能从云层中走出来，对我们说，“是我，珍妮，这里太棒了，有一个非常好的水疗中心。”那就太好了。[33]

杰维斯： 既然对上帝无从了解，喜剧演员对上帝的了解就和其他人一样多。然而，一个无神论者自己知道，没有什么可以知道，所以他可能有优势。一个无神论喜剧演员可以使人们嘲笑信仰或信仰的缺失；一个好的无神论喜剧演员可以让人们发笑，并思考信仰或信仰的缺失。[34]

卡罗尔： 幽默能让真相更容易被理解……

麦克法兰： 传统的科幻电影讲故事的方法也是如此，那就是把我们社会的元素，不管是社会的、政治的还是科学的，通过科幻的镜头，想方设法以寓言的方式讲述那些事情。[35]

冯内古特： 当莎士比亚认为观众已经受够了这些沉重的东西时，他会稍微放松一下，带一个小丑或愚蠢的旅店老板之类的人物进来，然后再变得严肃起来。而到其他星球旅行，显然是不太严肃的科幻小说里面才有的内容，就相当于时不时带小丑来，让一切变得轻松起来。

这与我们的朋友加缪的那种更说教的方法形成了对比。你是如何表达《西西弗斯的神话》中的主要问题的？[36]

加缪：只有一个真正严肃的哲学问题，那就是自杀。[37]

冯内古特：所以又是一阵来自文学的笑声。[38]

卡罗尔：这就引出了一个问题，我要问问埃里克。你为什么要用法国口音唱《生命的意义》（*The Meaning of Life*）的主题歌？

艾德尔：因为像葡萄酒一样，哲学用法语说也更好一点。[39]

卡罗尔：那部电影是如何被法国观众接受的？

艾德尔：它获得了 1983 年的戛纳电影节评委会大奖。[40]

卡罗尔：幽默、科幻、卡通、歌曲……也许科学家可以从你们所有人身上学到一些表达观点的方式？

马赫：在一个需要无咖啡因的樱桃巧克力味的健怡可乐的文化中，你最好用娱乐来传递信息。[41]

艾德尔：科学的关键在于它是可以被检验的。喜剧是由观众来检验的。如果他们笑了，那喜剧就成功了。[42]

卡罗尔：　你们中的许多人都是科学的有力支持者。

麦克法兰：　这就像民权运动。必须有人为超越信仰的知识的推进大声疾呼。[43]

冯内古特：　我爱科学。所有的人文主义者都爱。[44]

我们曾经为艾萨克·阿西莫夫（Isaac Asimov）举办过一次追思会，我在那次追思会上说："艾萨克现在在天堂了。"这是我对一群人文主义者说过的最有趣的话。他们笑得满地打滚。过了几分钟才恢复正常。[45]

杰维斯：　科学寻求真理。它没有歧视。不管是好是坏，它会发现事情的真相……当新的事实出现时，它不会感觉被冒犯。它不会因为中世纪的习俗是传统而保留它们。如果是那样的话，你就得不到一剂青霉素，你最好赶紧在裤子里放上过滤器然后祈祷吧。[46]

卡罗尔：　那么，既然我们的祈祷没人听见，也不存在来世，那么我们的生活应该遵循什么准则呢？

伊泽德：　每一种大的宗教都有一条法则，叫作黄金法则。其本质就是，以你希望被对待的方式对待别人。如果我们都这么做了，整个世界就会瞬间变得有序。祈祷、冥想都很好。但只要遵循这个黄金法则，整个世界就会变得有序。让世界有序就这么简单。[47]

杰维斯：　"善待他人……"是一条很好的经验法则。宽恕也许是极好的美德，但它就只是美德，当然，它不仅仅是基督教的美德。没有人能阻止他人变得更好。[48]

马赫：当然，没有伦理学家会对黄金法则提出异议，但我们不知道为什么它必须依托于古代神话和迷信。它本身就非常棒；它不必通过燃烧的灌木丛被人们所知。[49]

卡罗尔：那么，要过上有意义、幸福的生活，我们该把时间花在哪里呢？

冯内古特：我们来到地球上就为了无所事事，别让任何人告诉你任何的不同。[50]

加缪：也许是吧。但是在我们所有可能做的事情中，创造的行为是最重要的。创造既是通往幸福的钥匙，也是献给未来的礼物。[51]

杰维斯：对！你应该把一些不曾有过的东西带到这个世界上。至于是什么并不重要。不管是一张桌子、一部电影，还是每个人都应该创造的园艺。你应该做点什么，然后坐下来说："这是我做的。"[52]

莫诺：我们必须既创造事物也创造思想。人们科学的作用有一个基本的误解：认为科学的目的就是创造技术，而其实技术和应用都是副产品。科学最重要的成果是，改变了我们对自己的看法，改变了我们存在的意义。[53]

杰维斯：最终总是回到我们自身—为什么我们在这里？好吧，

我们只是碰巧在这里，我们没有选择。我们并不特别，我们只是幸运。这是一个假期。有 145 亿年的时间，我们并不存在。如果幸运的话，我们能存在 80 年或 90 年，然后我们就再次不存在了。所以我们应该好好享受这个假期。[54]

卡罗尔： 我想你们都已经表达了该如何充分利用这个假期—实话实说，善待他人，努力创造，还有，看在上帝的分上，放声大笑。为此谢谢你们，谢谢你们的创造。

致　谢

正如已故的真正伟大的汤姆·佩蒂（Tom Petty）所唱的那样：“即使失败者有时也会走运。”有的时候真的很难相信我得到了多少好运。对此，我要一一感谢。

首先，我要感谢我的家人。感谢我的父母给了我一套像样的染色体，还有三个极好的、一直鼓励我的兄弟姐妹，吉姆、南和皮特。感谢我的四个儿子威尔、帕特里克、克里斯和乔希，他们现在都长大了，每个人都审阅了本书的初稿，并提出了很大的意见。感谢我的妻子杰米，佩蒂会说，当我找到你的时候，宝贝儿，我真的很幸运。

非常感谢梅甘·麦格隆博士（Dr. Megan McGlone），我有幸能和他一起完成本书，这是我们的第五本书。感谢你对这个故事的反馈，感谢你策划和整理参考书目和注释，感谢你协调艺术包装以及获得各类许可，感谢你准备手稿，最重要的是，感谢你在整个项目中表现出的幽默感。并且恭喜你获得博士学位！

十分感谢凯特·鲍德温在绘制主要图表时的创造力和鉴赏力，感谢娜塔莉亚·巴尔诺娃（Natalya Balnova）绘制了英文原书每章开头的小图片和艺术封面。

特别感谢埃里克·艾德尔抽出时间回答我在“谈话”中提问的问题，感谢阿兰娜（Alana Gospodnetich）介绍我们认识。感谢埃迪·伊泽德提供的内容，感谢马克斯·伯戈斯（Max Burgos）探员介绍我们认识。感谢塞思·麦克法兰的贡献，感谢乔伊·费伊利（Joy Fehily）的帮助。感谢以及南妮特·冯内古特（Nanette Vonnegut）提供关于她父亲的背景资料。还要感谢萨拉·西尔弗曼、比尔·马赫和里基·杰维斯的才思和智慧；我希望他们能理解他们的话是如何被我改变用途的。

非常感谢我的同事埃里克·哈格（Eric Haag）、安东尼斯·罗卡斯（Antonis Rokas）、戴维·埃里斯科（David Elisco）和劳拉·博内塔（Laura Bonetta）仔细审阅了手稿并做出了详细的反馈，感谢两位匿名审稿人的深思熟虑和建设性意见。感谢哈希姆·哈希米博士（Dr. Hashim Al-Hashim）回答了我关于他发现的 DNA 碱基“量子纤颤”问题。

特别感谢普林斯顿大学出版社的编辑艾利森·卡莱特（Alison Kalett），他从一开始就接受了这本书，并温和地提出了许多改进的方法。非常感谢我的经纪人拉斯·盖伦（Russ Galen）对这个项目的热情和 15 年来向我提出的非常明智的建议。

最后，感谢雅克·莫诺，他于 1976 年去世，因此我从未有机会见到他。但自从 40 多年前我第一次读到《偶然与必然》后，他就成了我的人生导师。就算不是科学家，也很少有人能比他过得更加充实，目标更加清晰。图 1 是雅克・莫诺在红海中。

图 1　雅克・莫诺在红海中

资料来源：Photo Courtesy of the Archives of the Pasteur Institute, Olivier and Philippe Monod 授权使用。

引言　偶然带来的麻烦

1. “Tiger Woods’ First Ace in 1996.” ***PGA TOUR***.
2. Prince, Todd. “Number of Young, First-Time Visitors to Las Vegas on the Rise.” ***Las Vegas Review-Journal***. 5 Apr 2017.
3. Katsilometes, John. “Reports: Britney Spears to Make $500K Per Show in Las Vegas.” 2 July 2018. ***Las Vegas Review-Journal***.
4. Huff and Geis (1959), p. 28-29.
5. Arie, Sophie. “No 53 Puts Italy Out of its Lottery Agony.” ***The Guardian***. 10 Feb 2005. Guardian News and Media Limited.
6. Grech (2002). 也有一些证据显示，有一些父母在生育的孩子全部为男孩的情况下，仍希望再生下一个男孩：Rodgers and Daughty (2001).
7. Croson and Sundali (2005); Clark et al. (2009).
8. Bleier, Evan. “California Man Wins $650K in Lottery Day After Wife Dies from Heart Attack.” ***United Press International***. 31 March 2014.

9. “Winner Stories: Timothy McDaniel.” ***calottery***. California State Lottery.
10. Carroll (2013), p. 332.
11. J. Monod, interview with Gerald Leach in Paris, January 3, 1967, broadcast on the BBC February 1, 1967, transcript MON. Bio 09, Fonds Monod, SAIP, p. 11.
12. Monod (1971), p. xii.
13. Monod (1971), p. 112.
14. Monod (1971), p. 112–113.
15. Monod (1969).
16. Peacocke (1993), p. 117.
17. Schoffeniels (1976).
18. Lewis (1974).
19. Ward (1996).
20. Sproul (1994), p. 3.
21. Sproul (1994), p. 214.
22. Pew Research Center. “When Americans Say They Believe in God, What Do They Mean?” ***Pew Research Center***. 25 Apr 2018.

第1章　一切意外的母亲

1. McLaughlin, Katie. “MacFarlane: Angry Jon Stewart Call An ‘Odd Hollywood Moment.’ ” ***Piers Morgan Tonight***. 6 Oct 2011.
2. Weidinger, Patrick. “10 Famous People Who Avoided Death on

9/11." ***Listverse***. 12 Dec 2011.

3. McLaughlin, Katie. "MacFarlane: Angry Jon Stewart Call An 'Odd Hollywood Moment.' " ***Piers Morgan Tonight***. 6 Oct 2011.
4. Alvarez (1997).
5. Alavarez et al. (1980); Smit and Hertogen (1980).
6. Alavarez et al. (1980).
7. Smit (1999).
8. Hildebrand (1991).
9. Schulte et al. (2010).
10. Robertson et al. (2013).
11. Artemieva et al. (2017); Brugger et al. (2017); Gulick et al. (2019).
12. Henehan et al. (2019).
13. Robertson et al. (2013).
14. Vajda and Bercovici (2014).
15. Field et al. (2018).
16. Rehan et al. (2013).
17. Gallala et al. (2009).
18. Robertson et al. (2004).
19. Longrich et al. (2016).
20. Field et al. (2018).
21. Jarvis et al. (2014).
22. Feng et al. (2017).
23. O'Leary et al. (2013).
24. Longrich et al. (2016).
25. Lyson et al. (2019).

26. Mazrouei et al. (2019).
27. Schulte et al. (2010).
28. Kaiho and Oshima (2017).

第 2 章　暴脾气的野兽

1. Casey, Mike. "Joe Grim: How to Take It and Then Some." ***Boxing.com***. 3 Sept 2013.
2. "Grim Stays the Limit with Fitz." ***St. John Daily Sun***. 24 Oct 1903.
3. "Grim Stays the Limit with Fitz." ***St. John Daily Sun***. 24 Oct 1903.
4. "Joe Grim Issues Defi to Jeffries." ***Deseret News***. 2 Nov 1903.
5. "Grim Stays the Limit with Fitz." ***St. John Daily Sun***. 24 Oct 1903. St. John Sun; Casey, Mike. "Joe Grim: How to Take It and Then Some." ***Boxing .com***. 3 Sept 2013.
6. Ehrmann, Pete. " 'Iron Man' Joe Grim Found Fame with a Thick Skull." ***OnMilwaukee.com***. 7 Jan 2013.
7. Ehrmann, Pete. " 'Iron Man' Joe Grim Found Fame with a Thick Skull." ***OnMilwaukee.com***. 7 Jan 2013.
8. Lyson et al. (2019).
9. Blois and Hadly (2009).
10. Pimiento et al. (2017).
11. Koch and Barnosky (2006).
12. Kennett and Stott (1991).

13. see Figure 1; McInerney and Wing (2011).
14. Hren et al. (2013)
15. Filippelli and Flores (2009).
16. Alley (2000).
17. Mazrouei et al. (2019).
18. Hughes (2003).
19. Goff et al. (2012).
20. Schaller et al. (2016); Schaller and Fung (2018).
21. Scotese, Christopher R. ***PALEOMAP Project***.
22. Anagnostou et al. (2016).
23. Hansen and Sato (2012); Wing et al. (2005).
24. Carter et al. (2017).
25. Lacis et al. (2010).
26. Anagnostou et al. (2016).
27. Bouilhol et al. (2013).
28. Kumar et al. (2007).
29. Broecker (2015).
30. Kumar et al. (2007).
31. Martínez-Botí et al. (2015).
32. Barker et al. (2011); Snyder (2016).
33. Weart (2003); Greenland Ice-Core Project (GRIP) Members (1993); Alley et al. (1993); Mayewski et al. (1993).
34. Alley (2000); Fiedel (2011).
35. Ditlevsen et al. (2007); Lohmann and Ditlevsen (2018).
36. Broecker (1995).

37. Tierney et al. (2017).
38. Leakey (1974), p. 159–160.
39. Potts et al. (2018); Behrensmeyer et al. (2018).
40. "Olorgesailie, Kenya." ***East African Research Projects: Human Evolution Research***.
41. Potts et al. (2018).
42. Brooks et al. (2018).
43. Potts (2013); Gowlett (2016).
44. deMenocal (1995); Potts (2013); Maslin et al. (2014).

第 3 章　自然选择的青睐

1. "1789 U.S. Book of Common Prayer." ***Online Anglican Resources at Justus.anglican.org***.
2. "Royal Navy Loss List Searchable Database." ***Maritime Archaeology Sea Trust***. 4 Feb 2018.
3. King (1839), p. 179.
4. Letter, Francis Beaufort to Robert FitzRoy, September 1, 1831, Darwin Correspondence Project, "Letter no. 113".
5. Darwin (2001), p. 132.
6. Letter, Charles Darwin to Emily Catherine Langton, November 8, 1834, Darwin Correspondence Project, "Letter no. 262".
7. King (1839), p. 23.

8. Desmond and Moore (1991), p. 129.
9. Darwin (2001), p. 402.
10. Letter, John Herschel to Charles Lyell, February 20, 1836, quoted in W. H. Cannon (1961).
11. Darwin (2001), p. 427.
12. Barlow (1963), p. 262.
13. Sulloway (1982), p. 192, p. 359.
14. Darwin (1845), p. 394.
15. Darwin (1887), p. 83.
16. Van Whye (2007).
17. Letter, Charles Darwin to Joseph Dalton Hooker, Janu-ary 11, 1844, Darwin Correspondence Project, "Letter no. 729".
18. Letter, Charles Darwin to William Darwin Fox, March 19, 1855, Darwin Correspondence Project, "Letter no. 1651".
19. Secord (1981), p. 166.
20. Letter, Charles Darwin to Charles Lyell, November 4, 1855, Darwin Correspondence Project, "Letter no. 1772".
21. Secord (1981), p. 174.
22. Darwin (1859), p. 25–26.
23. Darwin (1887), p. 87.
24. Darwin (1859), p. 29.
25. Letter, Charles Darwin to Asa Gray, May 22, 1860, Darwin Correspondence Project, "Letter no. 2814".
26. Darwin (1868), p. 248.
27. Darwin (1862), p. 349.

28. Letter, Charles Darwin to Joseph Dalton Hooker, January 25, 1862, Darwin Correspondence Project, “Letter no. 3411”.
29. Arditti et al. (2012).
30. Letter, Charles Darwin to Joseph Dalton Hooker, January 30, 1862, Darwin Correspondence Project, “Letter no. 3421”.
31. Darwin (1862), p. 188.
32. Darwin (1862), p. 202-203; Arditti et al. (2012), p. 425-427.
33. Arditti et al. (2012).
34. Alexandersson and Johnson (2002).
35. cited in Muchhala and Thomson (2009).
36. Muchhala (2006).
37. Darwin (1859), p. 131, p. 198.
38. C. Johnson (2015) and J. Beatty (2006).
39. Darwin (1859), p. 41.
40. Darwin (1859), p. 177.
41. Darwin (1859), p. 94.
42. Darwin (1859), p. 242.
43. Letter, Charles Darwin to Frances Julia (Snow) Wedgwood, July 11, 1861, Darwin Correspondence Project, “Letter no. 3206”.

第 4 章　偶然，随机发生的意外

1. Wain et al. (2007).

2. Lederberg and Lederberg (1952).
3. Watson and Crick (1953a).
4. Carroll (2013), p. 332.
5. Blattner et al. (1997).
6. "Average Typing Speed Infographic." ***Ratatype***.
7. Fijalkowska et al. (2012).
8. Roach et al. (2010); Conrad et al. (2011).
9. Wang et al. (2012).
10. see for example Zhu et al. (2014). 注意，所有可能的碱基置换发生的概率并不相同。大小和形状相似的碱基发生置换的情况（比如从 A 到 G，从 C 到 T）比形状不同的碱基发生置换（比如从 A 到 C，从 G 到 T）的情况更为常见。
11. Watson and Crick (1953b), p. 966.
12. Watson and Crick (1953c). 注意，莫诺知道这种设想（Monod, 1971, p. 192），但没有强有力的证据支持这一设想。
13. Bebenek et al. (2011); Wang et al. (2011); Kimsey et al. (2015); Kimsey et al. (2018).

第 5 章　被偶然统治的美丽错误

1. "Tennessee Evolution Statutes." Chapter 27, House Bill No. 185 (1925); Chapter 237, House Bill No. 48 (1967). ***Famous Trials in American History: Tennessee vs. John Scopes The "Monkey***

Trial."

2. Rossiianov (2002).
3. "Soviet Backs Plan to Test Evolution." ***New York Times.*** 17 June 1926.
4. Rossiianov (2002), p. 302.
5. Etkind (2008).
6. Nei (2013).
7. Darwin (1859), p. 109.
8. Monod (1971), p. 112.
9. Shapiro et al. (2013).
10. Shapiro et al. (2013).
11. Vikrey et al. (2015).
12. Campbell et al. (2010).
13. Hawkes et al. (2011).
14. Jessen et al. (1991).
15. Storz (2016).
16. see Zhu et al. (2018).
17. Baardsnes and Davies (2001).
18. Deng et al. (2010).
19. 在所有可能的新突变中，约有 23% 不会改变编码的氨基酸，我给出的 75% 这一数据更高是因为大多数积累的、不会从人数基因中消除的突变，不会改变蛋白质序列。
20. Nei (2013).
21. Huang et al. (2019).
22. Varki and Altheide (2005).

23. Hedges et al. (2015); Marin et al. (2018).
24. Hedges et al. (2015).
25. Wain et al. (2007).
26. Wain et al. (2007).
27. Sharp and Hahn (2011).
28. Song et al. (2005).
29. Mohd, Tawfiq, and Memish (2016).
30. Babkin and Babkina (2015).
31. Furuse, Suzuki, and Oshitani (2010).

第 6 章 一切母亲的意外

1. Tribell, William S. "Last Film Footage of Pastor Jamie Coots." 23 Mar 2014.
2. Wilking, Spencer and Lauren Effron. "Snake-Handling Pentecostal Pastor Dies From Snake Bite." *ABCNews*. 17 Feb 2014.
3. Chang, Juju and Spencer Wilking. "Pentecostal Pas-tors Argue 'Snake Handling' Is Their Religious Right." *ABCNews*. 21 Nov 2013.
4. Chang, Juju and Spencer Wilking. "Pentecostal Pastors Argue 'Snake Handling' Is Their Religious Right." *ABCNews*. 21 Nov. 2013.
5. Wilking, Spencer and Lauren Effron. "Snake-Handling Pentecostal

Pastor Dies From Snake Bite." ***ABCNews***. 17 Feb 2014.

6. Duin, Julia. "Serpent-Handling Pastor Profiled Earlier in Washington Post Dies from Rattlesnake Bite." ***Washington Post***. 29 May 2012. "Kentucky Man Dies from Snake Bite at Church Service." ***CBS News***. 28 July 2015.
7. Pauly, Greg. "Misplaced Fears: Rattlesnakes Are Not as Dangerous as Ladders, Trees, Dogs, or Large TVs." ***Natural History Museum of Los Angeles County***.
8. "Facts + Statistics: Mortality Risk." ***Insurance Information Institute***.
9. Walter et al. (1998).
10. Jónsson et al. (2017).
11. Iossifov et al. (2014).
12. Sandin et al. (2016).
13. Hardy and Hardy (2015).
14. Green, Jesse. "The Man Who Was Immune to AIDS." 5 June 2014. ***New York Magazine***.
15. "Thirty Years of HIV/AIDS: Snapshots of an Epidemic." ***amfAR: The Foundation for AIDS Research***.
16. Green, Jesse. "The Man Who Was Immune to AIDS." 5 June 2014. ***New York Magazine***.
17. Pincock (2013).
18. Liu et al. (1996).
19. Van Der Ryst (2015).
20. Brown (2015).
21. Solloch et al. (2017).

22. Hummel et al. (2005).
23. Glanville et al. (2009).
24. Roberts, Joe. "Pastor almost killed by snake during sermon vows to keep handling snakes." ***MetroUK***. 24 Aug 2018. metro.co.uk/2018/08/24/pastor-almost-killed-by-snake-during-sermon-vows-to-keep-handling-snakes-7878534/; Barcroft TV. "Pastor Fights For Life After Deadly Rattlesnake's Bite | MY LIFE INSIDE: THE SNAKE CHURCH." 23 Aug 2018.
25. Coots received antivenom according to Thomas Midlane, Senior Producer. Email to author, August 2, 2019.

第7章　一系列不幸事件

1. Burchard, Hank. "Lightning Strikes 4 Times." 2 May 1972. ***The Ledger***. Vol 65, No 200. Lakeland, Florida. Page 3D.
2. "Lightning Facts and Statistics." ***Weather Imagery***. 18 Feb 2007.
3. Burchard, Hank. "Lightning Strikes 4 Times." 2 May 1972. ***The Ledger***. Vol 65, No 200. Lakeland, Florida. Page 3D.
4. "Most Lighting Strikes Survived." ***Guinness World Records***.
5. Dunkel, Tom. "Lightning Strikes: A Man Hit Seven Times." ***The Washington Post***. 15 Aug 2013.
6. Dunkel, Tom. "Lightning Strikes: A Man Hit Seven Times." ***The Washington Post***. 15 Aug 2013.

7. Nordling (1953).
8. "Cancer Statistics." ***National Cancer Insti-tute.*** National Institutes of Health.
9. Nordling (1953); Armitage and Doll (1954).
10. Nowell (1976).
11. Vogelstein et al. (2013).
12. Vogelstein et al. (2013).
13. Govindan et al. (2012).
14. DeMarini (2004).
15. Martincorena et al. (2015).
16. 我又一次使用了广义的随机。某些类型的突变更为常见(参见第 4 章)。
17. Vogelstein et al. (2013).
18. Samet et al. (2009).
19. Vonnegut (1950), p. xv.
20. Green et al. (2011); Watts et al. (2018).
21. "Vonnegut. Agnes Scott College Commence-ment Address." 15 May 1999. ***C-SPAN***.
22. "Targeted Cancer Therapies." ***National Cancer Institute***. National Institutes of Health.

后记　关于偶然的对话

1. Vonnegut, ***Cat's Cradle***, (2010), p. 182.

2. Vonnegut, ***Slapstick***, (2010), p. 12–13.
3. Maggie Bartel and Henry Lee. "New Jersey Train Plunges off a Bridge into Newark Bay Killing More than 40 in 1958." ***Daily News***. 16 Sept 1958. ***New York Daily News***. 15 Sept 2015.
4. Vonnegut, ***Slapstick***, (2010), p. 14.
5. Jungersen (2013), p. 266.
6. Vonnegut, ***Sirens***, (2009), p. 1.
7. Vonnegut, ***Sirens***, (2009), p. 183.
8. Vonnegut, ***Sirens***, (2009), p. 232.
9. Rabin, Nathan. "Seth MacFarlane." ***AV Club. 26*** Jan 2005. ***The Onion.***
10. Sarah Silverman. "Hi. This is me telling everyone in my life..." 6 July 2016.
11. Murfett, Andrew. "After a Near-Death Experience, Comedy Alleviates Sarah Silverman's PTSD Pain." ***The Sydney Morning Herald***. 25 May 2017.
12. Sarah Silverman. "Hi. This is me telling everyone in my life..." 6 July 2016.
13. Silverman, Sarah, writer, performer. ***A Speck of Dust***. Directed by Liam Lynch. Netflix Studios, Eleven Eleven O'Clock Productions, Jash Network, 2017.
14. Sarah Silverman. "Hi. This is me telling everyone in my life " 6 July 2016.
15. Sarah Silverman. "Hi. This is me telling everyone in my life..." 6 July 2016.

16. Murfett, Andrew. “After a Near-Death Experience, Comedy Alleviates Sarah Silverman’s PTSD Pain.” ***The Sydney Morning Herald***. 25 May 2017.
17. Based on Carroll (2013), p. 36–37.
18. Based on Carroll (2013), p. 220.
19. Based on interview with Olivier Monod, Paris, August 17, 2010; Carroll (2013), p. 208–209.
20. Hayman et al. (1977).
21. Hayman et al. (1977).
22. Hayman et al. (1977).
23. Based on Idle (2018), p. 4.
24. Based on Adams, Tim. “Second Coming.” ***The Guardian***. 10 July 2005.
25. Gordon, Bryony. “Ricky Gervais: Don’t Ask Me the Price of Milk—I Fly by Private Jet.” ***The Telegraph***. 26 Aug 2011.
26. “Eddie Izzard Explains Why He Doesn’t Believe in Religion.” ***Skaylan***. 24 Nov 2018.
27. Eric Idle. Email reply to author, 8/21/19.
28. Eric Idle. Email reply to author, 8/21/19.
29. Gettelman, Elizabeth. “The MoJo Interview: Bill Maher.” ***Mother Jones***. September/October 2008.
30. Rentilly, J. “The Best Jokes Are Dangerous, An Interview with Kurt Vonnegut, Part Three.” ***McSweeney’s***. 16 Sept 2002.
31. Eric Idle. Email reply to author, 8/21/19.
32. Silverman, Sarah, writer, performer. ***A Speck of Dust***. Directed by

Liam Lynch. Netflix Studios, Eleven Eleven O'Clock Productions, Jash Network, 2017.

33. Adams, Tim. "Eddie Izzard: 'Everything I Do in Life is Trying to Get My Mother Back.'" ***The Guardian***. 10 Sept 2017.
34. Gervais, Ricky. "Does God Exist? Ricky Gervais Takes Your Questions." ***The Wall Street Journal***. 22 Dec 2010. blogs.wsj.com/speakeasy/2010/12/22/does-god-exist-ricky-gervais-takes-your-questions/
35. "Seth MacFarlane on Using Science Fiction to Explore Humanity." ***Sean Carroll's Mindscape.*** 5 Aug 2019.
36. Standish, David. "Kurt Vonnegut: The Playboy Interview." ***Playboy.*** 20 July 1973.
37. Camus (1991), p. 3.
38. Vonnegut (2014), p. 64.
39. Eric Idle. Email reply to author, 8/21/19.
40. Eric Idle. Email reply to author, 8/21/19.
41. Gettelman, Elizabeth. "The MoJo Interview: Bill Maher." ***Mother Jones***. September/October 2008.
42. Eric Idle. Email reply to author, 8/21/19.
43. Woods, Stacey Grenrock. "Hungover with Seth MacFarlane." ***Esquire***. 18 Aug. 2009.
44. Vonnegut (2014), p. 59.
45. Vonnegut (2014), p. 57.
46. Gervais, Ricky. "Ricky Gervais: Why I'm an Atheist." ***The Wall Street Journal.*** 19 Dec 2010.

47. Izzard (2018), p. 335.

48. Gervais, Ricky. "Ricky Gervais: Why I'm an Atheist." ***The Wall Street Journal.*** 19 Dec 2010.

49. Gettelman, Elizabeth. "The MoJo Interview: Bill Maher." ***Mother Jones***. September/October 2008.

50. Vonnegut (2007), p. 62.

51. Based on Camus (1991).

52. Turner, N.A. "Ricky Gervais on Chasing Your Dream, Doing the Work and Living a Creative Life." ***Medium***. 4 Aug 2019.

53. Based on BBC Interview with Gerald Leach in Carroll (2013) p. 482; Monod (1971), p. xi.; Monod (1969).

54. Wooley, Charles. "When Charles Wooley met Ricky Gervais." ***60 Minutes***. 2019.

推荐书目

半个多世纪以来，很多作品都对偶然和意外事件在自然和人类事务中所起的作用进行了分析。我推荐如下精彩作品，供对这类主题感兴趣的读者阅读：

Alvarez, Walter. (2017) ***A Most Improbable Journey: A Big History of Our Planet and Ourselves***. New York: W.W. Norton & Company.

Conway-Morris, Simon. (2003) ***Life's Solution: Inevitable Humans in a Lonely Universe***. Cambridge: Cambridge University Press.

Dawkins, Richard. (1986) ***The Blind Watchmaker: Why the Evidence of Evolution Reveals a Universe Without Design***. New York: W.W. Norton & Company.

Gould, Stephen Jay. (1989) ***Wonderful Life: The Burgess Shale and the Nature of History.*** New York: W.W. Norton & Company.

Losos, Jonathan. (2018) ***Improbable Destinies: Fate, Chance, and the Future of Evolution***. New York: Riverhead Books.

Monod, Jacques. (1971) ***Chance and Necessity: An Essay on the Natural Philosophy of Modern Biology***. New York: Alfred A. Knopf.

Taleb, Nassim Nicholas. (2004) ***Fooled by Randomness: The Hidden Role of Chance in Life and the Markets.*** New York: Random House.

本书参考了以下资料

ACIA (2004). ***Impacts of a Warming Arctic: Arctic Climate Impact Assessment. ACIA Overview report.*** Cambridge University Press.

Alexandersson, R. and S.D. Johnson. (2002) "Pollinator-Mediated Selection on Flower-Tube Length in a Hawkmoth-Pollinated Gladiolus (Iridaceae)." ***Proceedings of the Royal Society B: Biological Sciences.*** 269(1491): 631–636.

Alley, Richard B. (2000) "The Younger Dryas Cold Interval as Viewed from Central Greenland." ***Quaternary Science Reviews***. 19: 213–226.

Alley, R.B., D.A. Meese, C.A. Shuman, et al. (1993) "Abrupt Increase in Greenland Snow Accumulation at the End of the Younger Dryas Event." ***Nature.*** 362: 527–529.

Alvarez, Walter. (1997) T. rex ***and the Crater of Doom.*** Princeton, New Jersey: Princeton University Press.

Alvarez, L., et al. (1980) "Extraterrestrial Cause for the Cretaceous-Tertiary Extinction: Experimental results and theoretical interpretation." ***Science***. 208:1095–1108.

Anagnostou, Eleni, Eleanor H. John, Kirsty M. Edgar, et al. (2016) "Changing Atmospheric CO2 Concentration was the Primary

Driver of Early Ceno-zoic Climate." ***Nature***. 533: 380–384.

Arditti, Joseph, John Elliott, Ian J. Kitching, and Lutz T. Wasserthal. (2012) " 'Good Heavens What Insect Can Suck It' —Charles Darwin, ***Angraecum sesquipedale*** and ***Xanthopan morganii praedicta***." ***Botanical Journal of the Linnean Society***. 169: 403–432.

Armitage, P. and R. Doll. (1954) "The Age Distribution of Cancer and a Multi-Stage Theory of Carcinogenesis." ***British Journal of Cancer***. 8(1): 1–12.

Artemieva, Natalia, Joanna Morgan, and Expedition 364 Science Party. (2017) "Quantifying the Release of Climate-Active Gases by Large Meteorite Impacts With a Case Study of Chicxulub." ***Geophysical Research Letters***. 44(20): 10180–10188.

Baardsnes, Jason and Peter L. Davies. (2001) "Sialic Acid Synthase: The Origin of Fish Type III Antifreeze Protein?" ***Trends in Biochemical Sciences***. 26(8): 468–469.

Barker, Stephen, Gregor Knorr, R. Lawrence Edwards, et al. (2011) "800,000 Years of Abrupt Climate Variability." ***Science***. 334: 347–351.

Barlow, Emma Nora. (1963) "Darwin's Ornithological Notes." ***Bulletin of the British Museum (Natural History) Historical Series***. 2: 201–273.

Bax, Ben, Chun-wa Chung, and Colin Edge. (2017) "Getting the Chemistry Right: Protonation, Tautomers and the Importance of H Atoms in Biological Chemistry." ***Acta Crystallographica Section D Structural Biology***. 73(Pt 2): 131–140.

Beatty, John. (2006) "Chance Variation: Darwin on Orchids." ***Philosophy of Science***. 73(5): 629–641.

Beatson, K., M. Khorsandi, and N. Grubb. (2013) "Wolff-Parkinson-White Syndrome and Myocardial Infarction in Ventricular Fibrillation Arrest: A Case of Two One-Eyed Tigers." ***QJM: An International Journal of Medicine.*** 106(8): 755–757.

Bebenek, Katarzyna, Lars C. Pedersen, and Thomas A. Kunkel. (2011) "Replication Infidelity via a Mismatch with Watson-Crick Geometry." ***Proceedings of the National Academy of Sciences***. 108(5): 1862–1867.

Behrensmeyer, Anna K., Richard Potts, and Alan Deino. (2018) "The Oltulelei Formation of the Southern Kenyan Rift Valley: A Chronicle of Rapid Landscape Transformation over the Last 500 k.y." ***Geological Society of America Bulletin***. 130: 1474–1492.

Blattner, F.R., G. Plunkett 3rd, C.A. Bloch, et al. (1997) "The Complete Genome Sequence of ***Escherichia coli*** K-12." ***Science***. 277(5331): 1453–1462.

Blois, Jessica L. and Elizabeth A. Hadly. (2009) "Mammalian Response to Cenozoic Climatic Change." ***Annual Review of Earth and Planetary Sciences.*** 37: 8.1–8.28.

Bolhuis, Johan, Ian Tattersall, Noam Chomsky, et al. (2014) "How Could Language Have Evolved." ***PLoS Biology***. 12(8): e1001934.

Bouilhol, Pierre, Oliver Jagoutz, John M. Hanchar, and Francis O. Dudas. (2013) "Dating the India-Eurasia Collision Through Arc Magmatic Re-cords." ***Earth and Planetary Science Letters***. 366:

163–175.

Broecker, W.S. (1995) "Cooling the Tropics." ***Nature***. 376: 212–213.

Broecker, W.S. (2015) "The Collision That Changed the World." ***Elementa: Science of the Anthropocene***. 3. 000061. 10.12952/journal.elementa.000061.

Brooks, Alison S., John E. Yellen, Richard Potts, et al. (2018) "Long-Distance Stone Transport and Pigment Use in the Earliest Middle Stone Age." ***Science***. 360: 90–94.

Brown, Timothy Ray. (2015) "I Am the Berlin Patient: A Personal Reflection." ***AIDS Research and Human Retroviruses.*** 31(1): 2–3.

Brugger, Julia, Georg Feulner, and Stefan Petri. (2017) "Baby, It's Cold Outside: Climate Model Simulations of the Effects of the Asteroid Impact at the End of the Cretaceous." ***Geophysical Research Letters***. 44: 419–427.

Brussatte, Stephen L., Jingmai K. O'Connor, and Erich D. Jarvis. (2015) "The Origin and Diversification of Birds." ***Current Biology.*** 25(19): R888-R898.

Campbell, Kevin L, Jason E. E. Roberts, Laura N. Watson, et al. (2010) "Substi-tutions in Woolly Mammoth Hemoglobin Confer Biochemical Properties Adaptive for Cold Tolerance." ***Nature Genetics.*** 42(6): 536–540.

Camus, Albert. (1991) ***The Myth of Sisyphus and Other Essays.*** Translated by Justin O'Brien, ***Le Mythe de Sisyphe***, 1942. First Vintage International Edi-tion, 1991. New York: Random House.

Cannon, Walter F. (1961) "The Impact of Uniformitarianism: Two Letters from John Herschel to Charles Lyell, 1836–1837." *Proceedings of the American Philosophical Society.* 105(3): 301–314.

Carroll, Sean B. (2013) *Brave Genius: A Scientist, A Philosopher, and Their Daring Adventures from the French Resistance to the Nobel Prize.* New York: Crown Publishers.

Carter, Andrew, Teal R. Riley, Claus-Dieter Hillenbrand, and Martin Rittner. (2017) "Widespread Antarctic Glaciation During the Late Eocene." *Earth and Planetary Science Letters.* 458: 49–57.

Clark, Luke, Andrew J. Lawrence, Frances Astley-Jones, and Nicola Gray. (2009) "Gambling Near-Misses Enhance Motivation to Gamble and Re-cruit Win-Related Brain Circuitry." *Neuron*. 61: 481–490.

Conrad, Donald F., Jonathan E.M. Keebler, Mark A. DePristo, et al. (2011) "Variation in Genome-Wide Mutation Rates Within and Between Human Families." *Nature Genetics*. 43(7): 712–714.

Croson, Rachel and James Sundali. (2005) "The Gambler's Fallacy and the Hot Hand: Empirical Data from Casinos." *The Journal of Risk and Uncertainty.* 30(3): 195–209.

Cuppy, Will. (1941) *How to Become Extinct.* New York: Dover Publications.

Darwin, Charles R. (1845) *Journal of Researches into the Natural History and Geology of the Countries Visited During the Voyage of* H.M.S. Beagle *Round the World.* London: Murray. 2d ed.

Darwin, Charles R. (1859) *On the Origin of Species by Means of Natural Se-lection, or the Preservation of Favoured Races in the*

Struggle for Life. London: Murray. 1st ed.

Darwin, Charles R. (1862) *On the Various Contrivances by Which British and Foreign Orchids are Fertilised by Insects*. London: John Murray.

Darwin, Charles R. (1868) *Variation of Animals and Plants Under Domestication.* New York: E.L. Godkin & Co. 1st ed., Volume 2.

Darwin, Charles R. (1887) *The Life and Letters of Charles Darwin: Including an Au-tobiographical Chapter.* Volume 1. Ed. Francis Darwin. London: John Murray.

Darwin, Charles R. (2001) *Charles Darwin's* Beagle *Diary.* Ed. Keynes. Cam-bridge: Cambridge University Press.

DeMarini, David M. (2004) "Genotoxicity of Tobacco Smoke and Tobacco Smoke Condensate: A Review." *Mutation Research*. 567: 447–474.

deMenocal, Peter B. (1995) "Plio-Pleistocene African Climate." *Science.* 270: 53–59.

Deng, Cheng, C.H. Christina Cheng, Hua Ye, et al. (2010) "Evolution of an Antifreeze Protein by Neofunctionalization Under Escape from Adap-tive Conflict." *Proceedings of the National Academy of Sciences*. 107(50): 21593–21598.

Desmond, Adrian and James Moore. (1991) *Darwin: The Life of a Tormented Evolutionist.* New York: W.W. Norton & Co.

Ditlevsen, P.D., Katrine Krogh Andersen, A. Svensson. (2007) "The DO-Climate Events Are Probably Noise Induced: Statistical Investigation of the Claimed 1470 Years Cycle." *Climate of the Past*. 3(1): 129–

134.
Etkind, Alexander. (2008) "Beyond Eugenics: The Forgotten Scandal of Hy-bridizing Humans and Apes." ***Studies in History and Philosophy of Biological and Biomedical Sciences.*** 39: 205–210.
Feng, Yan-Jie, David C. Blackburn, Dan Liang, et al. (2017) "Phylogenomics Reveals Rapid, Simultaneous Diversification of Three Major Clades of Gondwanan Frogs at the Cretaceous-Paleogene Boundary." ***Proceedings of the National Academy of Sciences***. E5864–E5870.
Fiedel, S.J. (2011) "The Mysterious Onset of the Younger Dryas." ***Quaternary International.*** 242: 262–266.
Field, Daniel J., Antoine Bercovici, Jacob S. Berv, et al. (2018) "Early Evolution of Modern Birds Structured by Global Forest Collapse at the End-Cretaceous Mass Extinction." ***Current Biology***. 28: 1825–1831.
Fijalkowska, Iwona J., Roel M. Schaaper, and Piotr Jonczyk. (2012) "DNA Replication Fidelity in ***Escherichia coli***: A Multi-DNA Polymerase Affair." ***FEMS Microbiology Reviews***. 36: 1105–1121.
Filippelli, Gabriel M. and José-Abel Flores. (2009) "From the Warm Pliocene to the Cold Pleistocene: A Tale of Two Oceans." ***The Geological Society of America***. 37(10): 959–960.
Gallala, Njoud, Dalila Zaghbib-Turki, Ignacio Arenillas, et al. (2009) "Catastrophic Mass Extinction and Assemblage Evolution in Planktic Foraminifera Across the Cretaceous/Paleogene (K/Pg) Boundary at Bidart (SW France)." ***Marine Micropaleontology***. 72: 196–209.

Glanville, Jacob, Wenwu Zhai, Jan Berka, et al. (2009) "Precise Determination of the Diversity of a Combinatorial Antibody Library Gives Insight into the Human Immunoglobulin Repertoire." ***Proceedings of the National Academy of Sciences.*** 106(48): 20216–20221.

Goff, James, Catherine Chagué-Goff, Michael Archer, et al. (2012) "The Eltanin Asteroid Impact: Possible South Pacific Palaeomegatsunami Footprint and Potential Implications for the Pliocene-Pleistocene Transition." ***Journal of Quaternary Science.*** 27(7): 660–670.

Govindan, Ramaswamy, Li Ding, Malachi Griffith, et al. (2012) "Genomic Landscape of Non-Small Cell Lung Cancer in Smokers and Never-Smokers." ***Cell.*** 150: 1121–1134.

Gowlett, J.A.J. (2016) "The Discovery of Fire by Humans: A Long and Convoluted Process." ***Philosophical Transactions of the Royal Society of London B.*** 371: 20150164.

Grech, Victor. (2002) "Unexplained Differences in Sex Ratios at Birth in Europe and North America." ***BMJ.*** 324: 1010–1011.

Green, Adèle C., Gail M. Williams, Valerie Logan, and Geoffrey M. Strutton. (2011) "Reduced Melanoma After Regular Sunscreen Use: Randomized Trial Follow-Up." 29(3): 257–263.

Greenland Ice-Core Project (GRIP) Members. (1993) "Climate Instability During the Last Interglacial Period Recorded in the GRIP Ice Core." ***Na-ture.*** 364: 203–207.

Gulick, Sean P.S., Timothy J. Bralower, Jens Ormö, et al. (2019) "The First Day of the Cenozoic." ***Proceedings of the National Academy*** *of Sciences*. 116(39): 19342–19351.

Hansen, James E. and Makiko Sato. (2012) "Climate Sensitivity Estimated from Earth's Climate History." ***NASA Goddard Institute for Space Studies and Columbia University Earth Institute***. 1–19.

Hansen, James, Makiko Sato, Gary Russell, and Pushker Kharecha. (2013) "Climate Sensitivity, Sea Level and Atmospheric Carbon Dioxide." ***Philosophical Transactions of the Royal Society A.*** 371: 20120294.

Hardy, Kathy and Philip John Hardy. (2015) "1st Trimester Miscarriage: Four Decades of Study." ***Translational Pediatrics***. 4(2): 189–200.

Hawkes, Lucy A., Sivananinthaperumal Balachandran, Nyambayar Batbayar, et al. (2011) "The Trans-Himalayan Flights of Bar-Headed Geese (***Anser indicus***)." 108(23): 9516–9519.

Hayman, David, David Michaelis, George Plimpton, and Richard Rhodes. (1977) "Kurt Vonnegut, The Art of Fiction No. 64." ***The Paris Review***. 69.

Hedges, S. Blair, Julie Marin, Michael Suleski, et al. (2015) "Tree of Life Reveals Clock-Like Speciation and Diversification." ***Molecular Biology and Evolution.*** 32(4): 835–845.

Henehan, Michael J., Andy Ridgwell, Ellen Thomas, et al. (2019) "Rapid Ocean Acidification and Protracted Earth System Recovery Followed the End-Cretaceous Chicxulub Impact." ***Proceedings of the National Academy of the Sciences.*** 201905989; DOI: 10.1073/pnas.1905989116.

Hildebrand, A.R. (1991) "Chicxulub Crater: A Possible Cretaceous/

Tertiary Boundary Impact Crater on the Yucatán Peninsula, Mexico." *Geology*. 19:867–871.

Hren, Michael T., Nathan D. Sheldon, Stephen T. Grimes, et al. (2013) "Terrestrial Cooling in Northern Europe During the Eocene-Oligocene Transition." *Proceedings of the National Academy of Sciences*. 110(19): 7562–7567.

Huang, Kai, Shijun Ge, Wei Yi, et al. (2019) "Interactions of Unstable Hemoglobin Rush with Thalassemia and Hemoglobin E Result in Thalassemia Intermedia." *Hematology*. 24(1): 459–466.

Hughes, David W. (2003) "The Approximate Ratios Between the Diameters of Terrestrial Impact Craters and the Causative Incident Asteroids." *Monthly Notices of the Royal Astronomical Society*. 338: 999–1003.

Huff, Darrell and Irving Geis. (1959) *How to Take a Chance*. New York: W.W. Norton.

Hummel, S., D. Schmidt, B. Kremeyer, et al. (2005) "Detection of the CCR5-Δ32 HIV Resistance Gene in Bronze Age Skeletons." *Genes and Immunity*. 6: 371–374.

Idle, Eric. (2018) *Always Look on the Bright Side of Life: A Sortabiography*. New York: Crown Archetype.

Iossifov, Ivan, Brian J. O'Roak, Stephan J. Sanders, et al. (2014) "The Contribution of De Novo Coding Mutations to Autism Spectrum Disorder." *Nature*. 515: 216–221.

Izzard, Eddie. (2018) *Believe Me: A Memoir of Love, Death and Jazz Chickens*. London: Michael Joseph.

Jarvis, Erich D., Siavash Mirarab, Andre J. Aberer, et al. (2014) "Whole-Genome Analyses Resolve Early Branches in the Tree of Life of Modern Birds." ***Science***. 346 (6215): 1320–1331.

Jessen, Timm-H., Roy E. Weber, Giulio Fermi, et al. (1991) Adaptation of Bird Hemoglobins to High Altitudes: Demonstration of Molecular Mechanism by Protein Engineering." ***Proceedings of the National Academy of Sciences.*** 88: 6519–6522.

Johnson, Curtis. (2015) ***Darwin's Dice: The Idea of Chance in the Thought of Charles Darwin.*** Oxford: Oxford University Press.

Jónsson, Hákon, Patrick Sulem, Birte Kehr, et al. (2017) Parental Influence on Human Germline De Novo Mutations in 1,548 Trios from Iceland." ***Nature***. 549: 519–522.

Jungersen, Christian. (2013) ***You Disappear***. Translated from Danish by Misha Hoekstra. Anchor Books.

Kaiho, Kunio and Naga Oshima. (2017) "Site of Asteroid Impact Changed the History of Life on Earth: The Low Probability of Mass Extinction." ***Scientific Reports***. 7: 14855.

Kennett, J.P. and L.D. Stott. (1991) "Abrupt Deep-Sea Warming, Palaeoceano-graphic Changes and Benthic Extinctions at the End of the Palaeocene." ***Nature***. 353: 225–229.

Kimsey, Isaac J., Katja Petzold, Bharathwaj Sathyamoorthy, et al. (2015) "Visualizing Transient Watson-Crick-like Mispairs in DNA and RNA Duplexes." ***Nature***. 519: 315–320.

Kimsey, Isaac J, Eric S. Szymanski, Walter J. Zahurancik, et al. (2018) "Dynamic Basis for dG•dT Misincorporation via Tautomerization and Ionization." 554: 195–201.

King, Philip Parker. (1839) ***The Narrative of the Voyages of H.M. Ships*** Adventure ***and*** Beagle. London: Colburn. 1st ed. 3 volumes & appendix: ***Proceedings of the First Expedition, 1826–30***.

Koch, Paul L. and Anthony D. Barnosky. (2006) "Late Quaternary Extinctions: State of the Debate." ***Annual Review of Ecology, Evolution, and Systematics***. 37: 215–250.

Kumar, Prakash, Xiaohui Yuan, M. Ravi Kumar, et al. (2007) "The Rapid Drift of the Indian Tectonic Plate." ***Nature***. 449: 894–897.

Lacis, Andrew A, Gavin A. Schmidt, David Rind, and Reto A. Ruedy. (2010) "Atmospheric CO2: Principal Control Knob Governing Earth's Tempera-ture." ***Science***. 330: 356–359.

Leakey, L.S.B. (1974) ***By the Evidence: Memoirs, 1932–1951.*** New York: Harcourt Brace Janovich.

Lederberg, Joshua and Esther M. Lederberg. (1952) "Replica Plating and Indirect Selection of Bacterial Mutants." ***Journal of Bacteriology.*** 63(3): 399–406.

Lewis, John. (1974) ***Beyond Chance and Necessity: A Critical Inquiry into Professor Jacques Monod's Chance and Necessity.*** London: The Teilhard Centre for the Future of Man.

Liu, Rong, William A. Paxton, Sunny Shoe, et al. (1996) "Homozygous Defect in HIV-1 Coreceptor Accounts for Resistance of Some Multiply-Exposed Individuals to HIV-1 Infection." ***Cell.*** 86: 367–377.

Lohmann, Johannes and Peter D. Ditlevsen. (2018) "Random and Externally Controlled Occurrences of Dansgaard-Oeschger

Events." ***Climate of the Past***. 14: 609–617.

Longrich, N.R., J. Scriberas, and M.A. Wills. (2016) "Severe Extinction and Rapid Recovery of Mammals Across the Cretaceous-Palaeogene Boundary, and the Effects of Rarity on Patterns of Extinction and Recovery." ***Journal of Evolutionary Biology***. 29: 1495–1512.

Lydekker, Richard. (1904) ***Library of Natural History, Vol III.*** Saalfield Pub-lishing Company: Akron, OH.

Lyson, T.R., I.M. Miller, A.D. Bercovici, et al. (2019) "Exceptional Continental Record of Biotic Recovery After the Cretaceous-Paleogene Mass Extinction." ***Science***. 366(6468): 977–983.

Marin, Julie, Giovanni Rapacciuolo, Gabriel C. Costa, et al. (2018) Evolutionary Time Drives Global Tetrapod Diversity." ***Proceedings of the Royal Society B***. 285: 20172378.

Martincorena, Iñigo, Amit Roshan, Moritz Gerstung, et al. (2015) "High Burden and Pervasive Positive Selection of Somatic Mutations in Normal Human Skin." ***Science***. 348(6237): 880–886.

Martínez-Botí, M.A., G.L. Foster, T.B. Chalk, et al. (2015) "Plio-Pleistocene Climate Sensitivity Evaluated Using High-Resolution CO2 Records." ***Na-ture***. 518: 49–54.

Maslin, Mark A., Chris M. Brierley, et al. (2014) "East African Climate Pulses and Early Human Evolution." ***Quaternary Science Reviews***. 101: 1–17.

Mayewski, P.A., L.D. Meeker, S. Whitlow, et al. (1993) "The Atmosphere During the Younger Dryas." ***Science***. 261(5118): 195–197.

Mazrouei, Sara, Rebecca R. Ghent, William F. Bottke, et al. (2019) "Earth and Moon Impact Flux Increased at the End of the Paleozoic." ***Science.*** 363 (6424): 253–257.

McInerney, Francesca A. and Scott L. Wing. (2011) "The Paleocene-Eocene Thermal Maximum: A Perturbation of Carbon Cycle, Climate, and Bio-sphere with Implications for the Future." ***Annual Review of Earth and Planetary Sciences.*** 39: 489–516.

Monod, Jacques. (1969) "On Values in the Age of Science." In ***The Place of Value in a World of Facts: Proceedings of the Fourteenth Nobel Symposium Stockholm, September 15–20, 1969.*** Edited by Arne Tiselius and Sam Nilsson, 19–27. New York: Wiley Interscience Division.

Monod, Jacques. (1971) ***Chance and Necessity.*** Translated from the French by Austryn Wainhouse. New York: Alfred A. Knopf.

Muchhala, Nathan. (2006) "Nectar Bat Stows Huge Tongue in its Rib Cage." ***Nature.*** 444: 701–702.

Muchhala, Nathan and James D. Thomson. (2009) "Going to Great Lengths: Selection for Long Corolla Tubes in an Extremely Specialized Bat-Flower Mutualism." ***Proceedings of the Royal Society B.*** 276: 2147–2152.

Nei, Masatoshi. (2013) ***Mutation-Driven Evolution.*** Oxford: Oxford University Press.

Nordling, C.O. (1953) "A New Theory on Cancer-Inducing Mechanism." ***British Journal of Cancer.*** 7(1): 68–72.

Nowell, P.C. (1976) "The Clonal Evolution of Tumor Cell Populations."

Science. 194(4260): 23–28.
O'Leary, Maureen A., Jonathan I. Bloch, John J. Flynn, et al. (2013) "The Placental Mammal Ancestor and the Post-K-Pg Radiation of Placentals." *Science*. 339 (6120): 662–667.
Peacocke, Arthur. (1993) *Theology for a Scientific Age: Being and Becoming-Natural, Divine and Human.* Minneapolis: Fortress Press.
Pimiento, Catalina, John N. Griffin, Christopher F. Clements, et al. (2017) "The Pliocene Marine Megafauna Extinction and Its Impact on Functional Diversity." *Nature Ecology & Evolution*. 1: 1100–1106.
Pincock, Stephen. (2013) "Stephen Lyon Crohn." *The Lancet*. 382(9903): 1480.
Potts, Richard. (2013) "Hominin Evolution in Settings of Strong Environmental Variability." *Quaternary Science Reviews.* 73: 1–13.
Potts, Richard, Anna K. Behrensmeyer, J. Tyler Faith, et al. (2018) "Environmental Dynamics During the Onset of the Middle Stone Age in Eastern Africa." *Science*. 360: 86–90.
Rehan, Sandra M., Remko Leys, Michael P. Schwarz. (2013) "First Evidence for a Massive Extinction Event Affecting Bees Close to the K-T Boundary." *PLoS ONE.* 8(10): e76683.
Roach, Jared C., Gustavo Glusman, Arian F.A. Smit, et al. (2010) "Analysis of Genetic Inheritance in a Family Quartet by Whole-Genome Sequencing." *Science*. 328: 636–639.
Robertson, Douglas S., Malcolm C. McKenna, Owen B. Toon, et al. (2004) "Survival in the First Hours of the Cenozoic." *GSA Bulletin*.

116 (5–6): 760–768.

Robertson, Douglas S., William M. Lewis, Peter M. Sheehan, and Owen B. Toon. (2013) "K-Pg Extinction: Reevaluation of the Heat-Fire Hypothesis." ***Journal of Geophysical Research: Biogeosciences.*** 118: 329–336.

Rodgers, Joseph Lee and Debby Doughty. (2001) "Does Having Boys or Girls Run in the Family?" ***Chance***. 14(4): 8–13.

Rossiianov, Kirill. (2002) "Beyond Species: Il'ya Ivanov and His Experiments on Cross-Breeding Humans with Anthropoid Apes." ***Science in Context***. 15(2): 277–316.

Rozhok and DeGregori (2019). "A Generalized Theory of Age-Dependent Carcinogenesis." ***Cancer Biology.*** eLife.39950.

Samet, Jonathan M., Erika Avila-Tang, Paolo Boffetta, et al. (2009) "Lung Cancer in Never Smokers: Clinical Epidemiology and Environmental Risk Factors." ***Clinical Cancer Research***. 15(18): 5626–5645.

Sandin, S., D. Schendel, P. Magnusson, et al. (2016) "Autism Risk Associated with Parental Age and with Increasing Difference in Age Between the Parents." ***Molecular Psychiatry***, 21: 693–700.

Schaller, Morgan F., Megan K. Fung, James D. Wright, et al. (2016) "Impact Ejecta at the Paleocene-Eocene Boundary." ***Science***. 354(6309): 225–229.

Schaller, Morgan F. and Megan K. Fung. (2018) "The Extraterrestrial Impact Evidence at the Palaeocene-Eocene Boundary and Sequence of Environ-mental Change on the Continental Shelf." ***Philosophical Transactions of the Royal Society A.*** 376:20170081.

Schoffeniels, Ernest. (1976) ***Anti-Chance: A Reply to Monod's Chance and Necessity.*** Translated by B.L. Reid. Oxford: Pergamon Press.

Schulte, P., et al. (2010) "The Chicxulub Asteroid Impact and Mass Extinction at the Cretaceous-Paleogene Boundary." ***Science.*** 327:1214–1218.

Secord, James A. (1981) "Nature's Fancy: Charles Darwin and the Breeding of Pigeons." ***Isis.*** 72(2): 162–186.

Shapiro, Michael D., Zev Kronenberg, Cai Li, et al. (2013) "Genomic Diversity and Evolution of the Head Crest in the Rock Pigeon." ***Science.*** 339(6123): 1063–1067.

Sharp, Paul M. and Beatrice H. Hahn. (2011) "Origins of HIV and the AIDS Pandemic." ***Cold Spring Harbor Perspectives in Medicine.*** 1:a006841.

Smit, J. (1999) "The Global Stratigraphy of the Cretaceous-Tertiary Boundary Impact Ejecta." ***Annual Review of Earth Planet Sciences.*** 27:75–113.

Smit, J. and Hertogen, J. (1980) "An Extraterrestrial Event at the Cretaceous-Tertiary Boundary." ***Nature.*** 285:198–200.

Snyder, Carolyn W. (2016) "Evolution of Global Temperature Over the Past Two Million Years." ***Nature.*** 538: 226–228.

Solloch, Ute V., Kathrin Lang, Vinznez Lange, et al. (2017) "Frequencies of Gene Variant Ccr5-Δ32 in 87 Countries Based on Next-Generation Sequencing of 1.3 Million Individuals Sampled from 3 National DKMS Donor Centers." ***Human Immunology.*** 78: 710–717.

Sproul, R.C. (1994) ***Not a Chance: The Myth of Chance in Modern***

Science and Cosmology. Grand Rapids, Michigan: Baker Academic.

Storz, Jay F. (2016) "Hemoglobin-Oxygen Affinity in High-Altitude Vertebrates: Is There Evidence for an Adaptive Trend?" ***Journal of Experimental Biology.*** 219: 3190–3203.

Sulloway, Frank J. (1982) "Darwin's Conversion: The Beagle Voyage and Its Aftermath." ***Journal of the History of Biology.*** 15(3): 325–396.

Tierney, Jessica E., Francesco S.R. Pausata, Peter B. deMenocal. (2017) "Rain-fall Regimes of the Green Sahara." ***Science Advances.*** 3: e1601503.

Twain, Mark. (1935) ***Mark Twain's Notebook.*** New York: Harper & Bros.

USGS. (2015) "The Himalayas: Two Continents Collide."

Vajda, Vivi and Antoine Bercovici. (2014) "The Global Vegetation Pattern Across the Cretaceous-Paleogene Mass Extinction Interval: A Template for Other Extinction Events." ***Global and Planetary Change.*** 122: 29–49.

Van Der Ryst, Elna. (2015) "Maraviroc—a CCR5 antagonist for the treatment of HIV-1 Infection." ***Frontiers in Immunology.*** 6(277): 1–4.

Van Wyhe, John. (2002). Editor. ***The Complete Work of Charles Darwin Online.***

Van Wyhe, John. (2007) "Mind the Gap: Did Darwin Avoid Publishing His Theory for Many Years?" ***Notes and Records of the Royal Society.*** 61: 177–205.

Varki, Ajit and Tasha K. Altheide. (2005) "Comparing the Human and

Chimpanzee Genomes: Searching for Needles in a Haystack." *Genome Research*. 15: 1746–1758.

Vikrey, Anna I., Eric T. Domyan, Martin P. Horvath, and Michael D. Shapiro. (2015) "Convergent Evolution of Head Crests in Two Domesticated Columbids Is Associated with Different Missense Mutations in EphB2." *Molecular Biology and Evolution*. 32(10): 2657–2664.

Vogelstein, Bert, Nickolas Papadopoulos, Victor E. Velculescu, et al. (2013) "Cancer Genome Landscapes." *Science*. 339(6127): 1546–1558.

Vonnegut, Kurt. (1950) *Welcome to the Monkey House: A Collection of Short Works.* New York: Dial Press Trade Paperbacks.

Vonnegut, Kurt. (1998) *Timequake*. London: Vintage.

Vonnegut, Kurt. (1999) *God Bless You, Dr. Kevorkian*. Washington Square Press, Pocket Books: New York.

Vonnegut, Kurt. (2007) *A Man Without a Country.* New York: Random House.

Vonnegut, Kurt. (2009) *The Sirens of Titan.* New York: Dial Press Trade Paperbacks.

Vonnegut, Kurt. (2010) *Cat's Cradle.* New York: Dial Press Trade Paperbacks.

Vonnegut, Kurt. (2010) *Slapstick or Lonesome No More!* New York: Dial Press Trade Paperbacks.

Vonnegut, Kurt. (2014) *If This Isn't Nice, What Is?: Advice to the Young.* New York: Seven Stories Press.

Wain, Louise V., Elizabeth Bailes, Frederic Bibollet-Ruche, et al. (2007) "Adaptation of HIV-1 to Its Human Host." ***Molecular Biology and Evolution.*** 24(8): 1853–1860.

Walter, Christi A., Gabriel W. Intano, John R. McCarrey, C. Alex McMahan, and Ronald B. Walter. (1998) "Mutation Frequency Declines During Spermatogenesis in Young Mice but Increases in Old Mice." ***Proceedings of the National Academy of Sciences.*** 95: 10015–10019.

Ward, Keith. (1996) ***God, Chance and Necessity.*** Oxford: Oneworld Publications.

Wang, Jianbin, H. Christina Fan, Barry Behr, and Stephen R. Quake. (2012) "Genome-wide Single-Cell Analysis of Recombination Activity and De Novo Mutation Rates in Human Sperm." ***Cell.*** 150: 402–412.

Wang, Weina, Homme W. Hellinga, and Lorena S. Beese. (2011) "Structural Evidence for the Rare Tautomer Hypothesis of Spontaneous Mutagenesis." ***Proceedings of the National Academy of Sciences.*** 108(43): 17644–17648.

Watson, J.D. and F.H.C. Crick. (1953a) "Molecular Structure of Nucleic Acids: A Structure for Deoxyribose Nucleic Acid." ***Nature.*** 171(4356): 737–738.

Watson, J.D. and F.H.C. Crick. (1953b) "Genetical Implications of the Structure of Deoxyribonucleic Acid." ***Nature.*** 171(4361): 964–967.

Watson, J.D. and F.H.C. Crick. (1953c) "The Structure of DNA." ***Cold Spring Harbor Symposia on Quantitative Biology.*** 18: 123–131.

Watson, J.D. (1980) ***The Double Helix: A Personal Account of the Discovery of the Structure of DNA.*** New York: W.W. Norton & Company.

Watts, Caroline G., Martin Drummond, Chris Goumas, et al. (2018) "Sun-screen Use and Melanoma Risk Among Young Australian Adults." ***JAMA Dermatology.*** 154(9): 1001–1009.

Weart, Spencer. (2003) "The Discovery of Rapid Climate Change." ***Physics Today.*** 56(8): 30–36.

Wing, Scott L., Guy J. Harrington, Francesca A. Smith, et al. (2005) "Transient Floral Change and Rapid Global Warming at the Paleocene-Eocene Boundary." ***Science.*** 310: 993–996.

Zhu, Xiaojia, Yuyan Guan, Anthony V. Signore, et al. (2018) "Divergent and Parallel Routes of Biochemical Adaptation in High-Altitude Passerine Birds from the Qinghai-Tibet Plateau." ***Proceedings of the National Academy of Sciences.*** 115(8): 1865–1870.

Zhu, Yuan O., Mark L. Siegal, David W. Hall, and Dmitri A. Petrov. (2014) "Precise Estimates of Mutation Rate and Spectrum in Yeast." ***Proceedings of the National Academy of Sciences.*** 111: E2310–2318.

未来，属于终身学习者

我这辈子遇到的聪明人（来自各行各业的聪明人）没有不每天阅读的——没有，一个都没有。巴菲特读书之多，我读书之多，可能会让你感到吃惊。孩子们都笑话我。他们觉得我是一本长了两条腿的书。

——查理·芒格

互联网改变了信息连接的方式；指数型技术在迅速颠覆着现有的商业世界；人工智能已经开始抢占人类的工作岗位……

未来，到底需要什么样的人才？

改变命运唯一的策略是你要变成终身学习者。未来世界将不再需要单一的技能型人才，而是需要具备完善的知识结构、极强逻辑思考力和高感知力的复合型人才。优秀的人往往通过阅读建立足够强大的抽象思维能力，获得异于众人的思考和整合能力。未来，将属于终身学习者！而阅读必定和终身学习形影不离。

很多人读书，追求的是干货，寻求的是立刻行之有效的解决方案。其实这是一种留在舒适区的阅读方法。在这个充满不确定性的年代，答案不会简单地出现在书里，因为生活根本就没有标准确切的答案，你也不能期望过去的经验能解决未来的问题。

而真正的阅读，应该在书中与智者同行思考，借他们的视角看到世界的多元性，提出比答案更重要的好问题，在不确定的时代中领先起跑。

湛庐阅读App：与最聪明的人共同进化

有人常常把成本支出的焦点放在书价上，把读完一本书当作阅读的终结。其实不然。

时间是读者付出的最大阅读成本

怎么读是读者面临的最大阅读障碍

“读书破万卷”不仅仅在“万”，更重要的是在“破”！

现在，我们构建了全新的“湛庐阅读”App。它将成为你“破万卷”的新居所。在这里：

- 不用考虑读什么，你可以便捷找到纸书、电子书、有声书和各种声音产品；
- 你可以学会怎么读，你将发现集泛读、通读、精读于一体的阅读解决方案；
- 你会与作者、译者、专家、推荐人和阅读教练相遇，他们是优质思想的发源地；
- 你会与优秀的读者和终身学习者为伍，他们对阅读和学习有着持久的热情和源源不绝的内驱力。

下载湛庐阅读 App，
坚持亲自阅读，
有声书、电子书、阅读服务，
一站获得。

CHEERS

本书阅读资料包

给你便捷、高效、全面的阅读体验

本书参考资料

湛庐独家策划

- 参考文献
  为了环保、节约纸张，部分图书的参考文献以电子版方式提供
- 主题书单
  编辑精心推荐的延伸阅读书单，助你开启主题式阅读
- 图片资料
  提供部分图片的高清彩色原版大图，方便保存和分享

相关阅读服务

终身学习者必备

- 电子书
  便捷、高效，方便检索，易于携带，随时更新
- 有声书
  保护视力，随时随地，有温度、有情感地听本书
- 精读班
  2~4周，最懂这本书的人带你读完、读懂、读透这本好书
- 课　程
  课程权威专家给你开书单，带你快速浏览一个领域的知识概貌
- 讲　书
  30分钟，大咖给你讲本书，让你挑书不费劲

湛庐编辑为你独家呈现
助你更好获得书里和书外的思想和智慧，请扫码查收！

（阅读资料包的内容因书而异，最终以湛庐阅读App页面为准）

著作权合同登记号：图字：01-2022-2193 号

图书在版编目（CIP）数据

进化的偶然 /（美）肖恩·B. 卡罗尔（Sean B. Carroll）著；王志彤译. --北京：中国纺织出版社有限公司，2022.6
书名原文：A Series of Fortunate Events
ISBN 978-7-5180-9505-6

Ⅰ. ①进… Ⅱ. ①肖… ②王… Ⅲ. ①环境生物学-普及读物 Ⅳ. ①X17-49

中国版本图书馆CIP数据核字（2022）第065458号

责任编辑：刘桐妍　　责任校对：高　涵　　责任印制：储志伟

中国纺织出版社有限公司出版发行
地址：北京市朝阳区百子湾东里 A407 号楼　邮政编码：100124
销售电话：010—67004422　传真：010—87155801
http://www.c-textilep. com
中国纺织出版社天猫旗舰店
官方微博 http://weibo.com/2119887771
天津中印联印务有限公司印刷　各地新华书店经销
2022年6月第1版第1次印刷
开本：710×965　1/16　印张：16.75
字数：208千字　定价：89.90元